Faezeh Kaedi

Inteligência Artificial e Biotecnologia

Faezeh Kaedi

Inteligência Artificial e Biotecnologia

ScienciaScripts

Cover image: www.ingimage.com

This book is a translation from the original published under ISBN 978-620-6-77444-0.

Publisher:
Sciencia Scripts
is a trademark of
Dodo Books Indian Ocean Ltd. and OmniScriptum S.R.L publishing group

120 High Road, East Finchley, London, N2 9ED, United Kingdom
Str. Armeneasca 28/1, office 1, Chisinau MD-2012, Republic of Moldova, Europe
Printed at: see last page
ISBN: 978-620-8-27324-8

Inteligência Artificial e Biotecnologia

Por

Faezeh Kaedi

Secretário de Biologia, Departamento de Educação (Área 4), Teerão, Irão

Faezeh Kaedi

Secretário de Biologia, Departamento de Educação (Área 4), Teerão, Irão

Dedicado aos Anjos Misericordiosos que:

O senhor dos mundos, que começou a guiar os seus servos com o ensinamento da pena.

Os meus pais, cuja presença é para mim uma coroa de honra e cujo nome é a razão da minha existência, porque estas duas existências, depois do Senhor, foram a fonte da minha existência, pegaram na minha mão e ensinaram-me a caminhar neste vale cheio de altos e baixos.

Índice

Capítulo 1: Introdução

Introdução

O que é a inteligência artificial?

A inteligência artificial, ou, por outras palavras, a inteligência artificial, também conhecida atualmente como IA, é uma nova forma de criar ferramentas inteligentes, modelando a inteligência humana. Uma ferramenta que pensa como um humano e toma decisões por ele. De facto, esta tecnologia é a mesma máquina programada por mãos humanas, concebida com o objetivo de facilitar as tarefas quotidianas.

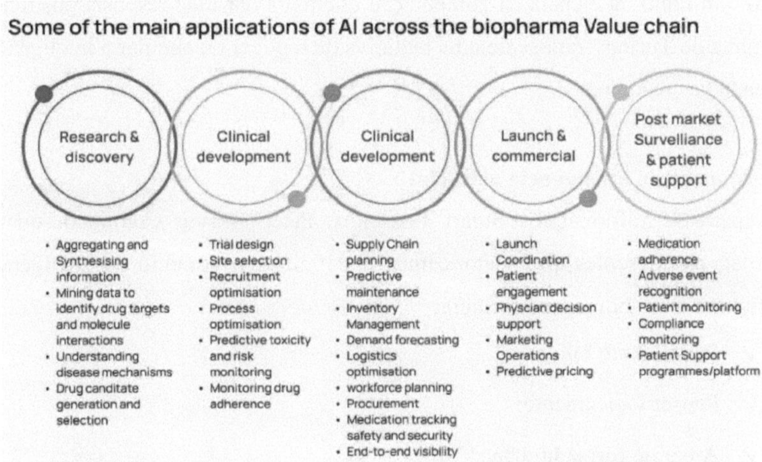

Figura 1. IA na biotecnologia - Explorar o papel e as aplicações

Muitas pessoas pensam na inteligência artificial como um robot que pode ser visto fisicamente. Embora, na maioria dos casos, este conceito seja apresentado sob a forma de uma resposta ao comportamento humano e derivado dos seus interesses e tendências.

A inteligência artificial (IA) é um ramo alargado da informática e é considerada uma das ciências interdisciplinares. Este conceito significa uma máquina que pensa como um ser humano e tem a capacidade de imitar o comportamento humano. Uma máquina deste tipo pode efetuar tarefas que requerem inteligência humana.

Fundamentos da inteligência artificial e da aprendizagem profunda

As máquinas podem pensar?

Durante a Segunda Guerra Mundial, as forças alemãs utilizaram a máquina Enigma para encriptar e enviar mensagens de forma segura. Nessa altura, Alan Turing, um matemático e cientista inglês, estava a tentar decifrar esses códigos. Menos de uma década depois, pela segunda vez, Turing mudou a história com uma simples pergunta: "As máquinas podem pensar?" A inteligência artificial é, de facto, um ramo da ciência da computação que tenta dar uma resposta positiva à pergunta de Turing; trata-se de uma tentativa de replicar ou simular a inteligência humana nas máquinas.

Abordagens de inteligência artificial

Os cientistas informáticos Stuart Russell e Peter Norvig examinam quatro abordagens diferentes que, historicamente, definiram o domínio da inteligência artificial. Estas abordagens incluem:

- ✓ Pensamento humano;
- ✓ Pensar logicamente;
- ✓ Atuar de forma humana;
- ✓ Agir de forma racional.

As duas primeiras ideias, pensamento humano e pensamento lógico, estão relacionadas com os processos de pensamento e raciocínio. Enquanto as duas seguintes (agir humanamente e agir racionalmente) tratam do comportamento. Nestas abordagens, Norvig e Russell centram-se nos factores lógicos para alcançar o melhor resultado.

Quais são as vantagens e desvantagens da inteligência artificial?

Como mencionámos em publicações anteriores, a inteligência artificial (IA) é uma

das tecnologias mais utilizadas que ajudam a simplificar muitos processos. As aplicações desta tecnologia, desde a classificação de páginas Web até à conceção de roupas com base no gosto dos utilizadores, são muito diferentes e vastas. Inteligência artificial significa uma máquina que pensa como um ser humano e tem a capacidade de imitar o comportamento humano. Existem diferentes pontos de vista sobre a inteligência artificial. Algumas pessoas são muito optimistas em relação a esta tecnologia e consideram-na uma bênção para melhorar a vida humana. Por outro lado, há também grupos que acreditam que a utilização da inteligência artificial pode ser desastrosa para os seres humanos. Para compreender as razões da existência destes dois tipos de pontos de vista, é necessário conhecer as vantagens e as desvantagens da inteligência artificial.
desvantagens desta tecnologia.

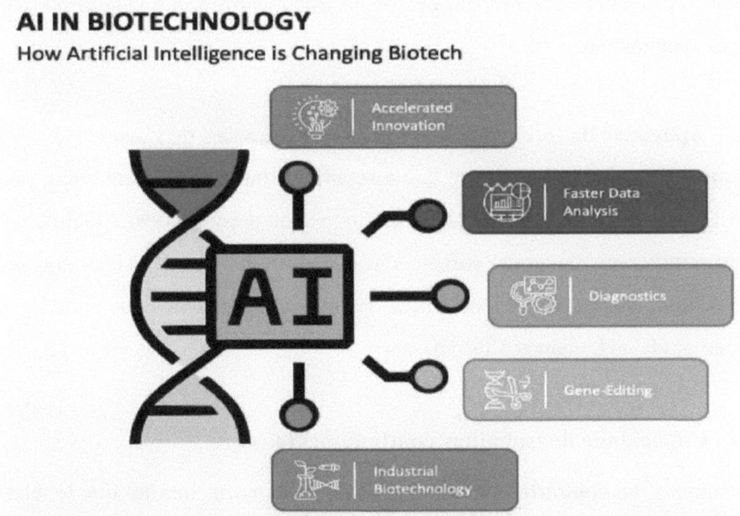

Figura 2. Modelo de PowerPoint e tema do Google Slides sobre IA na biotecnologia

Menos espaço para erros

Uma vez que as decisões tomadas pelas máquinas se baseiam em registos de dados anteriores e num conjunto de algoritmos, a possibilidade de erro neste tipo de decisões é reduzida. Esta questão é considerada uma conquista importante;

porque faz com que problemas complexos que exigem cálculos difíceis sejam resolvidos sem quaisquer erros. Menos espaço para erros As organizações empresariais avançadas utilizam assistentes digitais para interagir com os utilizadores. Isto poupa tempo e fornece serviços melhores e mais rápidos aos utilizadores.

Programação Python

A decisão correta

O facto de as máquinas não terem qualquer emoção torna-as mais eficientes, porque podem tomar a decisão certa num curto espaço de tempo. O melhor exemplo desta caraterística é a utilização de máquinas nos cuidados médicos. A integração de ferramentas de inteligência artificial no sector dos cuidados médicos melhora a eficiência dos procedimentos de tratamento, minimizando o risco de erros de diagnóstico.

✓ **Aplicação da inteligência artificial em situações de risco**

Nalgumas situações especiais em que a segurança humana está em risco, podem ser utilizadas máquinas equipadas com algoritmos predefinidos. Atualmente, os cientistas utilizam máquinas sofisticadas para estudar determinadas condições, como o fundo dos oceanos. Esta é uma das maiores limitações que a inteligência artificial ajuda os humanos a ultrapassar.

✓ **Capacidade de trabalhar continuamente**

As máquinas, ao contrário dos humanos, não se cansam; mesmo que tenham de trabalhar durante horas a fio. Esta caraterística das máquinas é considerada uma vantagem importante em relação aos humanos, que precisam de descansar de vez em quando para manter a sua eficiência. Se a eficiência das máquinas não for afetada por quaisquer factores externos e nada impedir o seu trabalho contínuo.

As desvantagens da inteligência artificial são as seguintes

- ✓ **Custo elevado da utilização da inteligência artificial**

Se tivermos em conta os custos de instalação, manutenção e reparação dos sistemas de IA, esta tecnologia é uma proposta dispendiosa. Assim, apenas pessoas e grupos com orçamentos avultados podem implementá-la, e as empresas e indústrias que não dispõem de orçamentos suficientes têm dificuldade em implementar esta tecnologia nos seus processos ou estratégias.

Dependência de máquinas

Com a crescente dependência dos seres humanos em relação às máquinas, estamos a chegar a um período em que se torna difícil para os seres humanos trabalharem sem a ajuda das máquinas. Como vimos no passado, a dependência humana das máquinas irá definitivamente aumentar. Por conseguinte, com o passar do tempo, as capacidades mentais e intelectuais do ser humano diminuirão.

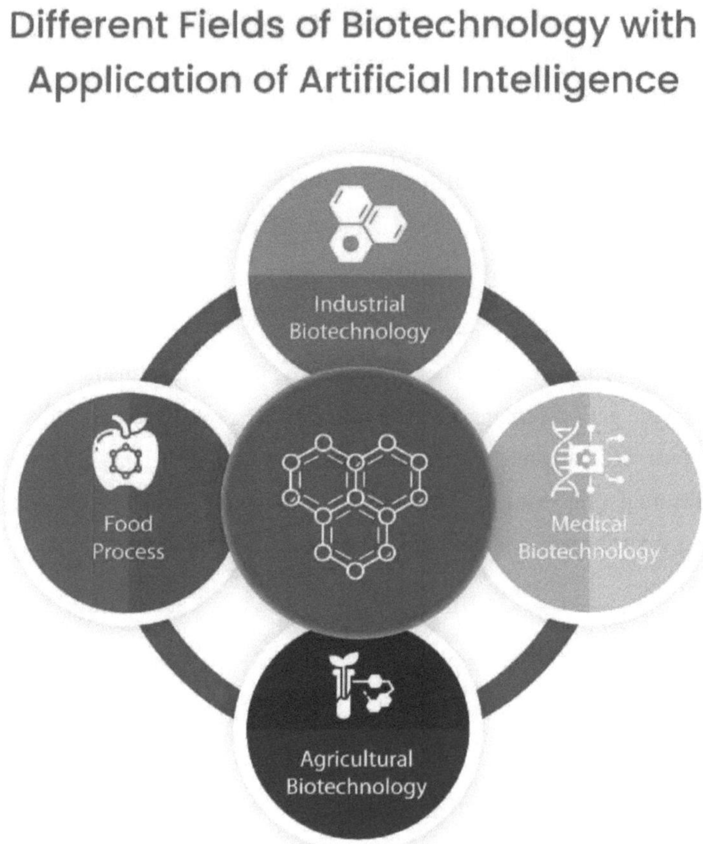

Figura 3. Impacto da IA na indústria biotecnológica, tendências, casos de utilização e futuro digital

Substituição de empregos pouco qualificados

Até à data, esta questão tem sido a principal preocupação dos apoiantes da tecnologia. A inteligência artificial é suscetível de substituir muitos empregos pouco qualificados. Uma vez que as máquinas podem trabalhar 24 horas por dia, sete dias por semana, sem interrupções, os industriais preferem investir em máquinas em vez de humanos. À medida que avançamos para um mundo automatizado (onde quase todos os trabalhos são efectuados por máquinas), o desemprego em grande escala torna-se mais provável. Um exemplo disso é o conceito de carros sem condutor. Se este tipo de carros começar a funcionar, milhões de condutores ficarão sem trabalho no futuro.

- ✓ **Trabalho limitado**

As máquinas com inteligência artificial executam determinadas tarefas com base na sua formação e programação. Confiar nas máquinas para se adaptarem a novos ambientes, serem criativas e pensarem de forma inovadora seria um grande erro. Tal não é possível, porque o campo de pensamento das máquinas está limitado apenas aos algoritmos para os quais foram treinadas.

Tipos de inteligência artificial

A inteligência artificial divide-se em quatro modelos gerais: Máquinas reactivas, memória limitada, teoria da mente e auto-consciência. Cada um destes modelos é utilizado em muitos domínios, de acordo com o seu objetivo e capacidades.

- ✓ **Máquinas reactivas**

Um dos modelos mais antigos de inteligência artificial é o das máquinas reactivas, concebidas apenas para executar tarefas especializadas. Estas máquinas não são capazes de armazenar informação. Como resultado, não é possível tomar decisões com base em experiências passadas e são feitas apenas para satisfazer as necessidades das pessoas. O motor de busca Google é um bom exemplo desta caraterística.

- ✓ **Memória limitada**

Neste modelo, com a ajuda da inteligência artificial, é possível armazenar informações e tomar decisões com base em dados anteriores. De facto, a base do comportamento de uma máquina são as pistas que foram fornecidas no passado. A autenticação e a identificação de pessoas em diferentes sistemas são deste tipo. Autenticação pela Internet das Coisas - Tipos de Inteligência Artificial A inteligência artificial divide-se em quatro modelos gerais de máquinas reactivas, memória limitada, teoria da mente e auto-consciência.

- ✓ **Teoria da mente**

A teoria da mente significa que a inteligência artificial pode compreender melhor os sentimentos, as emoções e as crenças dos seres humanos e depois utilizar esta informação para tomar as suas próprias decisões. Este ramo da ciência ainda está a desenvolver-se e, se for bem sucedido, ocorrerá uma enorme mudança na vida humana.

- ✓ **Auto-consciência**

O objetivo da conceção de um modelo autoconsciente é simular o cérebro humano. De tal forma que o nível de compreensão de uma máquina seja igual à consciência e compreensão de um ser humano. Nesta hipótese, um robô terá o poder de compreender os sentimentos e as necessidades dos outros e de comunicar com eles como um ser humano.

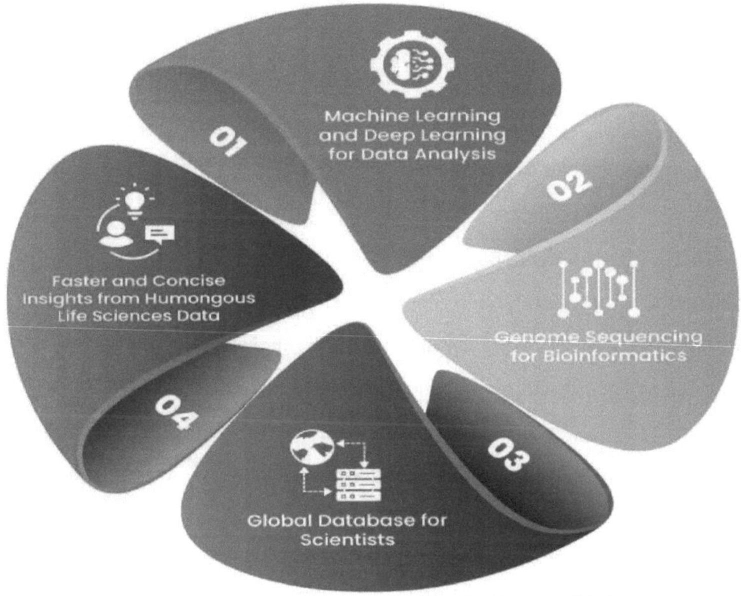

Figura 4. Impacto da IA na indústria biotecnológica

Qual é o papel da inteligência artificial nas empresas?

Com o crescimento dos computadores, smartphones e redes sociais, cada vez menos empresas continuam a funcionar de forma tradicional. Olhando à nossa volta, apercebemo-nos do efeito desta importância no comportamento e no estilo de vida das pessoas. No mundo atual, as pessoas acordam com o seu despertador inteligente.

Consultam o seu calendário de trabalho que está definido no software inteligente. Utilizam as redes sociais a caminho do trabalho e, no final do dia, fazem muitas escolhas com base na oferta de diferentes plataformas. Este é o poder inegável de um produto completo. De facto, pode dizer-se que a aplicação da inteligência artificial nas empresas desempenhou um papel importante na aceleração e simplificação de todos os eventos diários.

O mesmo acontece nas empresas, que já estão a utilizar esta conquista para serem bem sucedidas em três áreas principais:

- ✓ A modernização dos produtos e serviços;
- ✓ Processos mais inteligentes através da análise de dados;
- ✓ Interação com clientes e empregados;
- ✓ A modernização dos produtos e serviços.

A estratégia da inteligência artificial nas empresas baseia-se na utilização optimizada de um produto com o objetivo de satisfazer os utilizadores e aumentar as vendas. Fornecer serviços baseados na inteligência artificial significa também fornecer um serviço direcionado aos clientes que levará à formação de interações com os clientes e à sua fidelização a uma organização. Tirar partido desta tecnologia, tanto nos domínios dos produtos como dos serviços, aumentará o lucro de qualquer empresa.

Por exemplo, considere-se um serviço de encomendas de comida em linha em comparação com as encomendas tradicionais. Quando se faz uma encomenda de comida da forma tradicional, não é possível seguir a encomenda, medir o nível de satisfação do cliente, o tempo de espera e outros aspectos, ao passo que, recorrendo à tecnologia de inteligência artificial e utilizando os dados recebidos de cada serviço, é possível analisar o comportamento dos clientes.

Analisar e tentar melhorar o negócio. Não esqueçamos que, no mercado atual, uma empresa que tente simplificar a vida das pessoas e responder mais rapidamente às suas necessidades, fornecendo soluções inteligentes, terá mais sucesso.

Processos mais inteligentes através da análise de dados

Um dos objectivos da inteligência artificial é facilitar vários processos aos utilizadores. Em cada organização, com a ajuda desta tecnologia, podem ser recolhidos e analisados diferentes dados em diferentes fases, incluindo estratégia, produção, produto e prestação de serviços. Desta forma, são identificados os pontos fortes e fracos de uma organização e será possível planear o seu crescimento e desenvolvimento. De facto, a inteligência artificial traz muitas oportunidades de personalização e otimização.

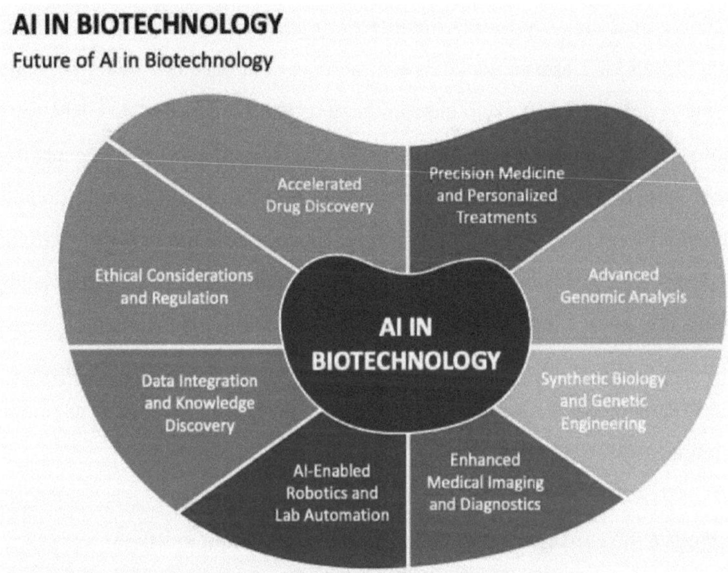

Figura 5. Modelo de PowerPoint e tema do Google Slides sobre a IA na biotecnologia

✓ **Inteligência de processos e análise de dados**

O exemplo da encomenda de comida em linha também é utilizado nesta secção. Ao conhecer o nível de insatisfação dos clientes de uma organização, os seus organismos reguladores poderão apresentar soluções para resolver este problema. De facto, a melhor forma é identificar quais as áreas de melhoria prioritárias para o seu negócio e qual a aplicação da inteligência artificial no seu negócio? Precisa de saber onde é que ela acrescenta mais valor à sua empresa? Depois, decidir qual é o objetivo do seu negócio e como é que a inteligência artificial vai ajudar a atingir esse objetivo? Desta forma, pode obter uma verdadeira compreensão da inteligência dos processos da sua organização.

✓ **Interação com clientes e empregados**

A gestão das relações com os clientes é um dos principais pilares de qualquer empresa. Estabelecer uma interação adequada com os clientes e armazenar as suas informações é muito necessário para prestar melhores serviços. Com a ajuda da inteligência artificial, é possível identificar os interesses, as crenças e os desejos de cada utilizador e apresentar ofertas atractivas com base nas suas necessidades. Os serviços de envio de correio eletrónico ou as automatizações de CRM são bons exemplos disto. Categorizar os utilizadores com base em parâmetros específicos e fornecer soluções atempadas quando ocorrem problemas é o segredo do sucesso para as grandes organizações. Por exemplo, recorrendo à inteligência artificial, os utilizadores que nasceram numa determinada data podem ser identificados e, enviando um e-mail inteligente, podem ser-lhes oferecidos descontos especiais. Mas muitos empregados têm visto a inteligência artificial como uma ameaça para perderem os seus empregos. Esta tecnologia foi concebida para gerir as interações entre empregados e clientes.

Vantagens e desvantagens da utilização da inteligência artificial nas empresas

Como já foi referido, a utilização da inteligência artificial suscita muitas preocupações nas pessoas. A preocupação com a segurança no emprego, a diminuição das emoções, o controlo do comportamento pelas máquinas e o domínio dos robôs são algumas delas. Entre as vantagens da inteligência artificial, podemos destacar a capacidade de realizar tarefas com elevada precisão, o trabalho contínuo sem necessidade de descanso, a tomada de decisões corretas e o afastamento das emoções em diferentes situações. Mas, por vezes, estes pontos positivos também podem levar a problemas. Por outras palavras, tomar decisões sem ter em conta as dimensões emocionais será um grande risco para o ser humano. Por outro lado, a dependência excessiva de máquinas, software e robôs inteligentes também reduziu a eficiência das actividades das pessoas. Imagine estar sozinho numa sala sem Internet ou telemóvel durante apenas uma hora. Sem esta ferramenta, as pessoas sentem-se muitas vezes confusas e ansiosas, o que se deve à sua falta de resiliência. Outro ponto é o elevado custo de utilização de cada ferramenta. Uma parte significativa das despesas mensais das pessoas é gasta na utilização de várias tecnologias. No mundo dos negócios, pode haver muitos pontos positivos e negativos para a utilização da inteligência artificial, mas as vantagens sempre superam as desvantagens dessa tecnologia.

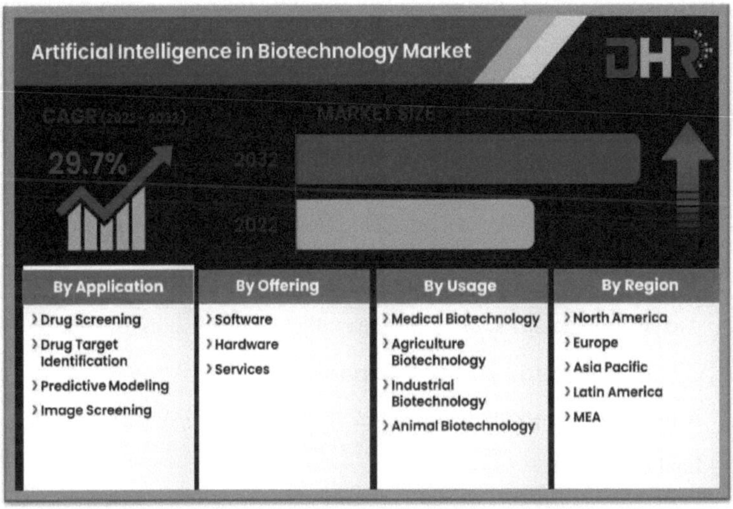

Figura 6. A inteligência artificial acompanha a idade biológica

Exemplos de inteligência artificial

Como mencionámos no início, a publicidade relacionada é uma das aplicações da inteligência artificial que é feita para atingir o público principal e enviar-lhe mensagens relevantes. Mas esta tecnologia tem muitas outras utilizações. A classificação de páginas Web com base nos interesses dos utilizadores, a resposta automática em software de mensagens, o design de vestuário com base nos gostos dos utilizadores e a tecnologia de reconhecimento facial são exemplos de aplicações desta tecnologia.

Como mencionámos em publicações anteriores, a inteligência artificial é um fenómeno em que uma máquina com a capacidade de compreender, analisar e aprender através de algoritmos especiais actua como um programa inteligente. As máquinas de IA podem lembrar-se de padrões de comportamento humano e adaptar-se de acordo com as suas preferências.

Contrariamente ao que se pensa, a inteligência artificial não se limita às tecnologias da informação ou ao sector tecnológico. Esta tecnologia é amplamente utilizada noutros domínios, como a medicina, as empresas, a educação, o direito e a produção. As estatísticas que se seguem mostram o estado de desenvolvimento da inteligência artificial:

- ✓ Em 2014, foram investidos mais de 300 milhões de dólares em startups de inteligência artificial, o que representou um aumento de 300% em relação ao ano anterior (Bloomberg);
- ✓ Até 2018, 6 mil milhões de dispositivos necessitarão de suporte por defeito (Gartner);
- ✓ Até ao final de 2018, os "assistentes digitais de clientes" reconhecerão os clientes pelo rosto e pela voz (Gartner);
- ✓ A inteligência artificial substituirá 16% dos empregos americanos até ao final da década;
- ✓ 15% dos utilizadores de telemóveis Apple utilizam o reconhecimento de voz Siri (BGR).

Em seguida, examinaremos alguns exemplos de aplicações de inteligência artificial que são atualmente muito utilizadas.

Siri

A Siri é uma das aplicações de assistente pessoal mais populares oferecidas pela Apple no iPhone e no iPad. Este assistente virtual, com uma voz amigável, comunica com o utilizador diariamente. A Siri ajuda o utilizador a encontrar informações, a encontrar direcções, a enviar mensagens, a fazer chamadas de voz, a abrir aplicações e a adicionar eventos ao calendário.

Tesla

Não são apenas os smartphones que se estão a voltar para a inteligência artificial; os automóveis também deram passos nesta direção. O carro da Tesla não só conseguiu atrair muitos elogios, como também tem caraterísticas como a condução autónoma, a capacidade de previsão e a inovação tecnológica absoluta.

Cogito

O Cogito é um poderoso software que analisa a voz dos clientes que ligam, por exemplo, para a unidade de apoio de uma empresa. Este software, com base nos resultados dos inquéritos, fornece simultaneamente as recomendações comportamentais necessárias aos funcionários da unidade de apoio. O Cogito é um dos melhores exemplos de uma receita comportamental para melhorar a inteligência emocional do pessoal de apoio e ajudá-lo a comunicar melhor com os clientes. As recomendações fornecidas pelo software irão, em última análise, aumentar a satisfação do cliente.

Netflix

O Netflix é um serviço de conteúdos a pedido muito popular que utiliza tecnologia de previsão para fazer recomendações com base nas reacções, interesses, escolhas e comportamento dos utilizadores. Esta tecnologia, ao verificar registos anteriores, sugere filmes com base nos interesses e reacções anteriores dos utilizadores.

Pandora

O Pandora é um dos serviços de streaming de música mais populares que utiliza inteligência artificial para identificar os interesses dos utilizadores. Neste serviço, cada canção é analisada individualmente com base em 400 caraterísticas musicais. Este sistema tem uma capacidade muito boa para sugerir músicas que nunca são notadas, apesar do interesse das pessoas por elas.

Nest - Google (Nest, Google)

A Nest, uma das mais bem sucedidas empresas de inteligência artificial, foi adquirida pela Google em 2014. O termóstato inteligente Nest utiliza algoritmos comportamentais baseados no comportamento dos utilizadores para poupar energia. Durante a primeira semana, o utilizador ajusta o termóstato para fornecer dados básicos sobre o seu comportamento. O Nest aprende então qual a temperatura que o utilizador prefere e a que horas e gere todos os sistemas para atingir essa temperatura. Este sistema desliga-se automaticamente quando não está ninguém em casa para poupar energia. De facto, é uma combinação de inteligência artificial e Bluetooth Low Energy.

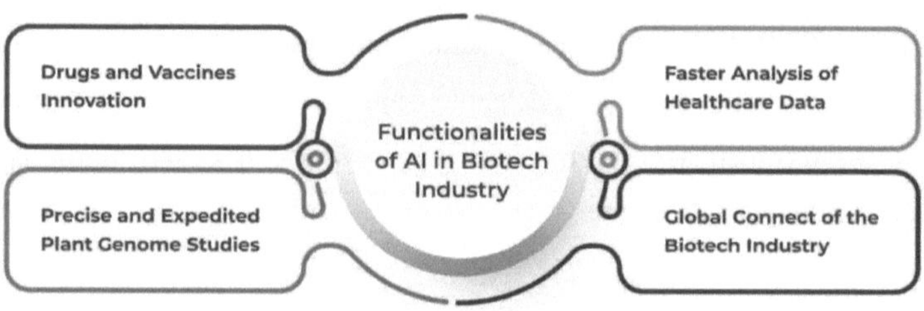

Figura 7. Inteligência Artificial na Biotecnologia

Caixa sempre

A Box over é uma empresa que utiliza a aprendizagem automática para ajudar as agências de viagens a oferecer ofertas mais adaptadas aos objectivos e gostos de cada cliente. Este software ajuda a comunicar mais eficazmente com os clientes e a melhorar a sua experiência no sector do turismo.

Drones voadores

Os drones já entregaram produtos em casa dos clientes. Embora esta ferramenta tenha sido utilizada a título experimental. Estas aves possuem uma espécie de sistema de aprendizagem automática poderoso que consegue converter o ambiente em modelos 3D através de sensores e câmaras de vídeo. Os algoritmos de encaminhamento orientam os drones sobre como e para onde se devem deslocar. Utilizando o sistema Wi-Fi, os drones podem ser controlados e utilizados para fins específicos, tais como a entrega de produtos, a realização de vídeos ou a reportagem de notícias.

Eco

O Echo, originalmente lançado pela Amazon, está agora a tornar-se mais inteligente. Trata-se de um produto revolucionário que ajuda a procurar informações, agendar compromissos, fazer compras, controlar luzes, termóstatos, responder a perguntas, ler audiolivros, informar sobre o trânsito e o tempo, fornecer informações sobre empresas locais e muito mais. Também ajuda o utilizador a utilizar o serviço de voz Alexa.

Amazon

A Amazon é uma das empresas líderes no domínio da inteligência artificial. Esta empresa investiu muito neste domínio. A empresa Amazon, utilizando tecnologia de inteligência artificial, identifica os produtos que os clientes gostam e apresenta-lhos. Isto ajuda muito a aumentar as vendas dos produtos da Amazon. A utilização da inteligência artificial nas empresas e as ideias de a utilizar para o progresso e o desenvolvimento são uma das principais preocupações dos gestores das organizações. Sendo um ramo da informática, a utilização da inteligência artificial tornou-se muito popular em vários domínios. No mundo empresarial atual, é raro encontrar alguém que não utilize esta tecnologia nas suas tarefas mais pequenas. Por muito que esta ciência tenha entrado no estilo de vida da maioria das pessoas, também influenciou muitas empresas e causou o seu crescimento e sucesso.

Teste de Turing

O teste de Turing é um método de investigação em inteligência artificial com o objetivo de determinar se um computador pode ou não pensar como um humano. Este teste está registado em nome de "Alan Turing", o fundador do teste de Turing e um cientista informático, criptógrafo, matemático e biólogo teórico inglês. Turing propôs que se um computador conseguir imitar as reacções humanas em determinadas situações, então pode concluir-se que possui inteligência artificial. O teste de Turing básico requer 3 terminais, cada um dos quais está fisicamente separado dos outros 2 terminais. 1 terminal é controlado pelo computador e os outros 2 terminais são controlados por humanos. Durante o teste, um dos humanos actua como perguntador. Se o segundo ser humano e o computador estiverem na posição de inquiridos.

O inquiridor faz as perguntas aos inquiridos num contexto específico, utilizando um formato e um contexto específicos; o inquiridor é então solicitado a decidir qual dos inquiridos é um ser humano e qual é um computador. Este teste é repetido várias vezes até se obter o resultado correto.

"Inteligência artificial "limitada" e "geral

A inteligência artificial pode ser dividida em duas categorias: limitada e geral. Cada uma destas categorias ajuda a resolver problemas diferentes com base nos seus pontos fortes e capacidades. A inteligência artificial limitada ou fraca tem a capacidade de resolver problemas mais limitados e pode operar em determinados sectores.

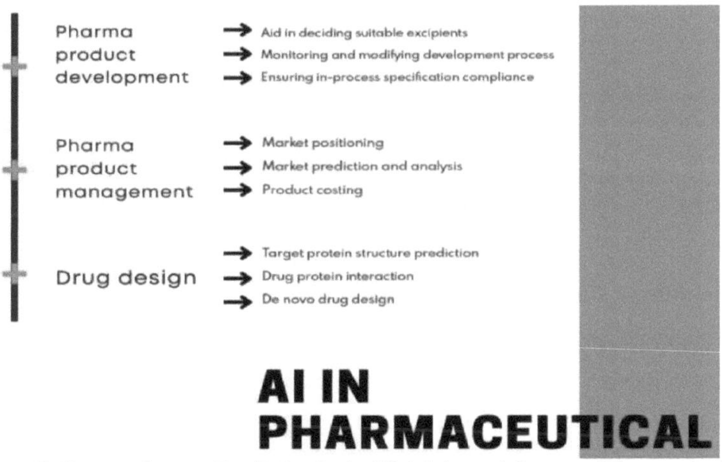

Figura 8. Porque é que a Inteligência Artificial é crucial para a Biotecnologia?

Por outras palavras, a inteligência artificial limitada só tem um desempenho adequado numa área específica e o seu poder diminui noutras áreas; por exemplo, pode traduzir textos de uma língua para outra, mas a sua capacidade noutras áreas, como o reconhecimento de imagens ou o planeamento estratégico, é baixa.

Em contrapartida, é colocada a inteligência artificial geral ou forte, que tem a capacidade de resolver problemas em vários domínios e o seu desempenho é semelhante ao dos seres humanos em muitas tarefas e actividades. A inteligência artificial geral tem a capacidade de trabalhar eficazmente em mais do que um domínio. Por exemplo, pode ter a capacidade de reconhecer rostos e, ao mesmo tempo, analisar partes individuais do rosto, como os olhos, o nariz e a boca.

A filosofia da inteligência artificial

A filosofia da inteligência artificial estuda e examina a natureza e o carácter da inteligência artificial. Esta filosofia tenta responder a questões sobre a inteligência artificial, tais como:

- A inteligência artificial é tão poderosa e consciente como a inteligência humana?
- A inteligência artificial é capaz de ser ética?

- A inteligência artificial tem efeitos significativos na sociedade e nos seres humanos?

A filosofia da inteligência artificial examina as diferenças entre a inteligência artificial e a inteligência natural e outras questões relacionadas com a inteligência artificial.

Como utilizar a inteligência artificial

A Inteligência Artificial (IA) ajuda a resolver problemas complexos e a simplificar tarefas anteriormente laboriosas de várias formas. A forma de a utilizar é a seguinte:

Determinação do problema: Em primeiro lugar, é necessário determinar o problema específico que precisa de ser resolvido ou a tarefa que precisa de ser automatizada.

Recolha de dados: Obter as informações necessárias para a formação do sistema de informação em causa. Estas informações devem ser adequadas, exactas e completas.

Seleção de um algoritmo adequado: Escolha o programa de IA que melhor se adapta ao seu tema. Estão disponíveis vários métodos, tais como árvores de decisão e redes neuronais.

Formação do sistema de inteligência artificial: Treinar o sistema de IA utilizando os dados recolhidos. Para tal, é necessário enviar dados para o programa e ajustá-lo para aumentar a precisão. Após a formação, deve avaliar o sistema de IA para medir a sua precisão e fiabilidade.

Implementação do sistema: Depois de testar e comprovar a correção do sistema, deve colocá-lo na fase de produção. Isto pode exigir a integração com sistemas existentes ou o desenvolvimento de novos sistemas.

Gestão contínua do sistema de inteligência artificial: É necessário monitorizar e atualizar continuamente o sistema para garantir um desempenho adequado e previsões precisas.

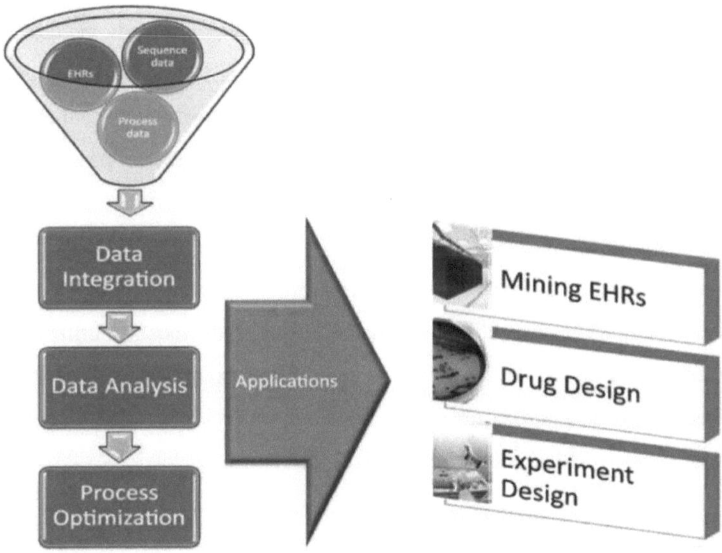

Figura 9. Biotecnologia, grandes volumes de dados e inteligência artificial

Capítulo 2: Ramos da inteligência artificial

Robótica

Os robôs são máquinas programadas que executam automaticamente um conjunto complexo de acções. As pessoas controlam os robôs com dispositivos externos ou sistemas de controlo incorporados. Os robôs são úteis na execução de tarefas aborrecidas e repetitivas, especialmente os robôs equipados com inteligência artificial que ajudam empresas como a NASA na exploração espacial. Os robôs humanóides são os mais recentes desenvolvimentos e exemplos bem conhecidos; por exemplo, Sophia é um robô fabricado pela "Hanson Robotics" e funciona com uma combinação de inteligência artificial e redes neuronais. Reconhece rostos humanos, compreende emoções e gestos e pode até interagir com pessoas.

Reconhecimento de padrões

Neste ramo da inteligência artificial, são concebidos algoritmos e modelos capazes de reconhecer padrões específicos nos dados. Estes algoritmos são utilizados para reconhecer padrões de áudio, vídeo e texto. Por exemplo, os algoritmos de reconhecimento de padrões no reconhecimento facial identificam determinadas caraterísticas do rosto e reconhecem pessoas diferentes.

Redes neuronais artificiais

As redes neuronais são também conhecidas como redes neuronais artificiais (RNA) ou redes neuronais simuladas (RNI). As redes neuronais inspiram-se no cérebro humano e copiam a forma como os neurónios biológicos enviam sinais uns aos outros. As redes neuronais artificiais têm camadas de nós que são compostas por uma camada de entrada, uma ou mais camadas ocultas e uma camada de saída. Cada nó é designado por neurónio artificial e está ligado a outros neurónios. Quando a saída de um nó individual excede um determinado valor limite, o nó é ativado para enviar dados para a camada de rede seguinte. As redes neuronais necessitam de dados de treino para aprenderem e melhorarem a sua precisão.

Aprendizagem profunda

A aprendizagem profunda é um subconjunto do ML ou aprendizagem automática que imita na perfeição as redes neuronais artificiais do cérebro humano. Neste caso, a inteligência artificial executa tarefas de raciocínio complexas sem intervenção humana.

Reconhecimento de voz

Neste ramo, os algoritmos e modelos são concebidos para reconhecer e interpretar o discurso humano. Estes algoritmos ajudam a identificar as palavras e frases utilizadas num discurso e, em alguns casos, a traduzir o discurso de uma língua para outra.

Processamento de linguagem natural

O processamento de linguagem natural permite que os computadores compreendam texto e palavras faladas como os seres humanos. A linguística e os modelos de aprendizagem profunda, combinados com a aprendizagem automática, processam a linguagem humana em dados de áudio ou texto para compreender plenamente o significado, a intenção e a emoção.

Por exemplo, no reconhecimento de voz para texto, os dados de áudio são convertidos de forma fiável em dados de texto. Porque as pessoas falam com diferentes tons, ênfases e sotaques. Os programadores têm de ensinar aos computadores aplicações baseadas na linguagem natural para compreenderem e reconhecerem dados de raiz. Algumas aplicações do processamento de linguagem natural são:

- ✓ Bots de conversação virtuais que são capazes de reconhecer informações textuais para fornecer melhores respostas aos clientes ao longo do tempo;
- ✓ Deteção de spam, que os envia para a secção de spam através do processamento do idioma das mensagens de correio eletrónico;

- ✓ Análise de sentimentos e análise linguística utilizadas em plataformas de redes sociais que ajudam a extrair sentimentos e atitudes sobre diferentes produtos.

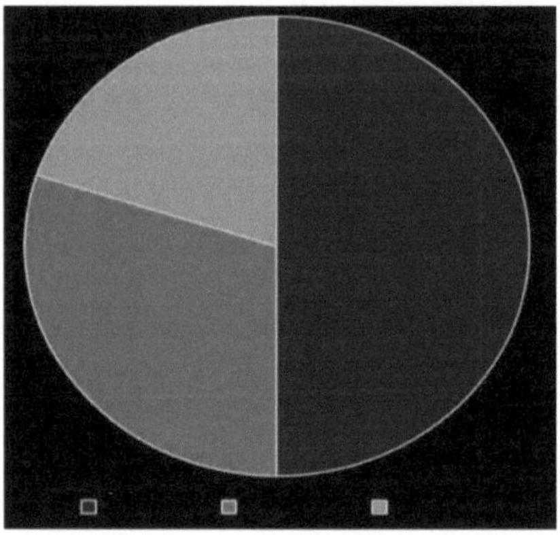

Figura 10. Inteligência artificial no tamanho do mercado de biotecnologia 2032

Visão artificial

Atualmente, um dos ramos mais populares da inteligência artificial é a "visão por computador". A visão por computador procura desenvolver técnicas que ajudem os computadores a ver e a compreender imagens e vídeos digitais. A utilização de modelos de aprendizagem automática em imagens permite aos computadores reconhecer objectos, rostos, pessoas e animais. Os modelos algorítmicos ajudam os computadores a aprender sobre os campos de dados visuais e a distinguir uma imagem de outra com dados suficientes fornecidos através de um modelo.

Uma rede neural convolucional trabalha em conjunto com um modelo para decompor as imagens em pixéis e rotulá-las; a rede neural utiliza então as etiquetas para efetuar a convolução, que é uma operação matemática sobre duas funções para produzir uma terceira função, e fazer previsões sobre o que vê. A visão por computador é utilizada em vários sectores.

Rede neural convolucional

Este ramo da inteligência artificial é utilizado para processar imagens e sinais bidimensionais. A rede neural convolucional é capaz de identificar determinados padrões em imagens, como o reconhecimento de rostos, de objectos, de números e de letras. Estas redes são normalmente utilizadas em aplicações de reconhecimento de imagens e de padrões.

Rede neural recorrente

Neste ramo, são concebidas redes neuronais capazes de processar dados sequenciais. Estas redes podem identificar padrões temporais e sequenciais nos dados. Algumas aplicações das redes neuronais recorrentes incluem a tradução automática, a geração de texto, o reconhecimento de voz e o processamento de linguagem natural.

Inteligência artificial e aprendizagem automática

A aprendizagem automática refere-se à capacidade das máquinas para aprenderem automaticamente com dados e algoritmos. Este domínio é conhecido como um dos ramos mais difíceis da inteligência artificial. A aprendizagem automática melhora o desempenho utilizando experiências passadas e pode tomar decisões sem planeamento especial.

Este processo começa com a recolha de dados históricos, tais como diretrizes para construir modelos lógicos para inferência futura. Os algoritmos de aprendizagem automática são classificados da seguinte forma:

Aprendizagem supervisionada: As máquinas são treinadas com dados rotulados para prever o resultado;

Aprendizagem não supervisionada: As máquinas são treinadas com dados não rotulados e extraem o modelo de informação da entrada para gerar uma saída através da identificação de caraterísticas e padrões;

Aprendizagem por reforço: As máquinas aprendem por tentativa e erro e utilizam o "feedback" para moldar as acções.

Aprendizagem por reforço

Neste ramo da inteligência artificial, são concebidos algoritmos e modelos capazes de aprender através da "Experiência e interação com o ambiente". Utilizando sinais de reforço, estes algoritmos melhoram o seu desempenho numa tarefa específica com base na experiência no ambiente. A aprendizagem por reforço é utilizada em aplicações como jogos de computador, controlo de robôs e gestão de recursos.

Lógica difusa

A lógica difusa é uma técnica que ajuda a resolver problemas ou afirmações que podem ser verdadeiras ou falsas. Este método copia as decisões humanas, considerando todas as possibilidades entre os valores digitais "Sim" e "Não". Em termos mais simples, mede a correção de uma hipótese. Pode utilizar este ramo da inteligência artificial para raciocinar sobre temas obscuros. A lógica difusa é uma forma conveniente e flexível de implementar técnicas de aprendizagem automática e copiar logicamente o pensamento humano. A arquitetura da lógica difusa é composta por quatro partes.

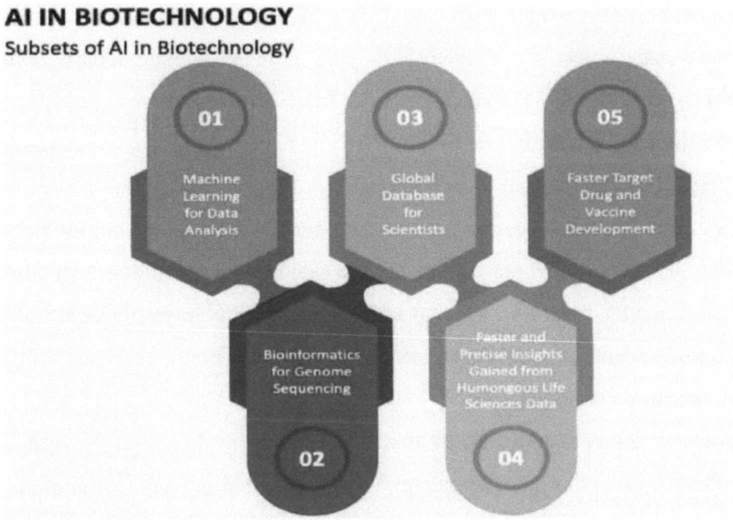

Figura 11. Modelo de PowerPoint e tema do Google Slides sobre a IA na biotecnologia

Diferentes níveis de inteligência artificial

As tecnologias de inteligência artificial são classificadas com base no seguinte:

- ✓ A capacidade de imitar caraterísticas humanas;
- ✓ Tecnologias utilizadas para o efeito;
- ✓ Aplicações no mundo real e teoria da mente.

Com base nestas caraterísticas, todos os sistemas de inteligência artificial, tanto reais como hipotéticos, dividem-se num dos três tipos seguintes:

- ✓ Inteligência Artificial Estreita ou ANI;
- ✓ Inteligência Artificial Geral ou AGI;
- ✓ Inteligência artificial na nuvem ou ASI.

ANI

A inteligência artificial ANI, também designada por inteligência artificial fraca ou inteligência artificial estreita, é o único tipo de inteligência artificial que conseguimos alcançar com êxito até à data. A inteligência artificial artificial é orientada para objectivos e concebida para realizar tarefas únicas, como o reconhecimento facial, o reconhecimento da fala/assistentes de voz, a condução de um automóvel ou a pesquisa na Internet, e é altamente inteligente na realização da tarefa específica para a qual foi programada.

Embora estas máquinas possam parecer inteligentes, funcionam com um pequeno conjunto de restrições. É por esta razão que este tipo de máquina é normalmente designado por IA fraca. A IAN não imita nem reproduz a inteligência humana, limitando-se a simular o comportamento humano com base numa gama limitada de parâmetros e contextos.

Considere-se o reconhecimento da fala e da linguagem do assistente virtual Siri nos iPhones, ou o reconhecimento visual dos automóveis autónomos que recomendam produtos com base no seu histórico de compras. Estes sistemas só aprendem a realizar tarefas específicas.

Programação Python

A inteligência artificial (IA) registou muitos progressos na última década, impulsionados pelos avanços na aprendizagem automática e na aprendizagem profunda. Por exemplo, atualmente, os sistemas de inteligência artificial são utilizados na medicina para diagnosticar o cancro e outras doenças, reproduzindo a cognição e o raciocínio humanos. A inteligência artificial utiliza o processamento de linguagem natural ou PNL para realizar várias tarefas. A PNL é evidente nos chatbots e em tecnologias de IA semelhantes e interage com os seres humanos de uma forma natural e personalizada, compreendendo o discurso e o texto em linguagem natural. Eis alguns exemplos de inteligência artificial restrita:

- ✓ O algoritmo Rank Brain do Google;
- ✓ Siri da Apple;
- ✓ Alexa da Amazon;
- ✓ Cortana da Microsoft;

✓ Software de reconhecimento facial;

✓ Ferramentas de cartografia;

✓ Ferramentas especiais de previsão de doenças;

✓ Produção e robots para drones;

✓ Filtros de spam para correio eletrónico;

✓ Ferramentas de monitorização das redes sociais;

✓ Recomendação de diferentes conteúdos ao utilizador com base no seu comportamento.

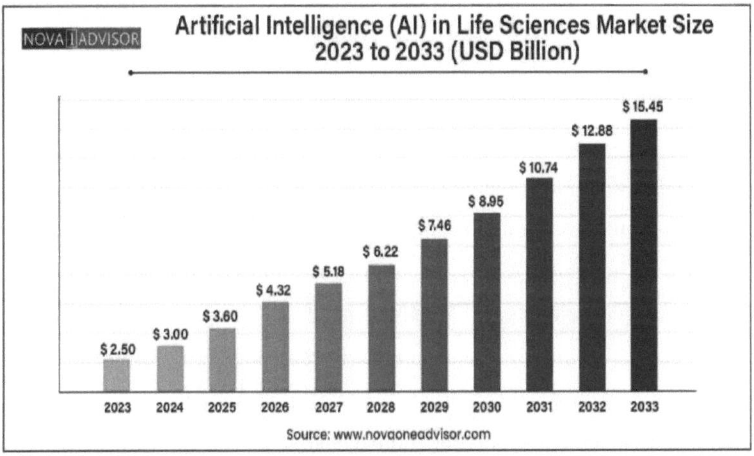

Figura 12. Inteligência Artificial (IA) no Mercado de Ciências da Vida Tamanho e Participação

AGI

A inteligência artificial forte ou profunda é um conceito de uma máquina com inteligência geral que imita a inteligência ou os comportamentos humanos e tem a capacidade de aprender e utilizar a sua inteligência para resolver qualquer problema.

A AGI pode pensar, compreender e atuar de forma indistinguível de um ser humano em qualquer situação. Os investigadores e cientistas da IA ainda não conseguiram alcançar a AGI. Para serem bem sucedidos neste domínio, têm de encontrar uma forma de tornar as máquinas conscientes e programadas com um conjunto completo de capacidades cognitivas. As máquinas têm de adquirir a capacidade de aplicar conhecimentos empíricos a uma gama mais vasta de problemas diferentes.

O "computador K", desenvolvido pela Fujitsu e pelo Instituto RIKEN, é um dos supercomputadores mais rápidos. O computador K é o maior esforço para alcançar a inteligência artificial AGI, mas considerando que demorou 40 minutos a simular um segundo de atividade neural, é difícil determinar se a IA será forte ou não.

ASI

A inteligência super artificial ou ASI é, de facto, uma inteligência artificial hipotética que não se limita a imitar ou a compreender a inteligência e o comportamento humanos. A ASI é quando as máquinas se tornam autoconscientes e excedem a capacidade da inteligência e das capacidades humanas. A superinteligência há muito que inspira a ficção científica distópica. Nas suas histórias, os robots espezinham, derrubam ou escravizam a humanidade.

A ASI é teoricamente melhor em tudo o que fazemos, desde a matemática à ciência, ao desporto, à arte, à medicina, aos passatempos e às relações. O ASI tem mais memória e uma capacidade mais rápida de processar e analisar dados e estímulos. Como resultado, a sua capacidade de tomar decisões e resolver problemas é muito superior à dos humanos.

O potencial de ter máquinas tão poderosas pode parecer apelativo, mas o conceito tem muitas implicações desconhecidas.

Formação em inteligência artificial

Existem atualmente muitos cursos em linha e institutos de ensino que ajudam a aprender conceitos e técnicas de IA. Há também muitos livros e recursos educativos disponíveis que fornecem informações mais completas sobre a inteligência artificial. Alguns dos mais famosos recursos educativos no domínio da inteligência artificial são

- ✓ "Artificial Intelligence: Uma Abordagem Moderna" de Stuart Russell e Peter Norvig;
- ✓ "Deep Learning" por Ian Good fellow, Yoshua Bengio e Aaron Courville;
- ✓ "Pattern Recognition and Machine Learning" por Christopher Bishop;
- ✓ "Reinforcement Learning: Uma Introdução" de Richard S. Sutton e Andrew G. Barto.

Para além destes, sites de ensino online como o Coursera, Udemy e edX também têm os melhores cursos de inteligência artificial; até algumas universidades têm cursos de formação especial neste domínio.

Tendo em conta a complexidade e a amplitude da inteligência artificial, sugerimos que inicie os tópicos a partir dos conceitos básicos e depois avance para conceitos mais avançados.

O que é um algoritmo de inteligência artificial?

Podem ser utilizados diferentes algoritmos de inteligência artificial para resolver um grupo de problemas. Na secção seguinte, analisamos em conjunto diferentes tipos de algoritmos.

Naive Bayes

Este algoritmo baseia-se na "regra de Bayes" e é utilizado para estimar a probabilidade de um acontecimento. Este algoritmo actua como um classificador probabilístico e é utilizado para classificar problemas como a deteção de spam no correio eletrónico ou o diagnóstico de doenças.

Árvore de decisão

Neste algoritmo, é construída uma árvore de decisão para a classificação dos dados. Em cada nó da árvore, é colocada uma condição com base nas caraterísticas dos dados e, de acordo com a condição, os dados são divididos em nós filhos. Este processo continua até que os nós finais sejam alcançados.

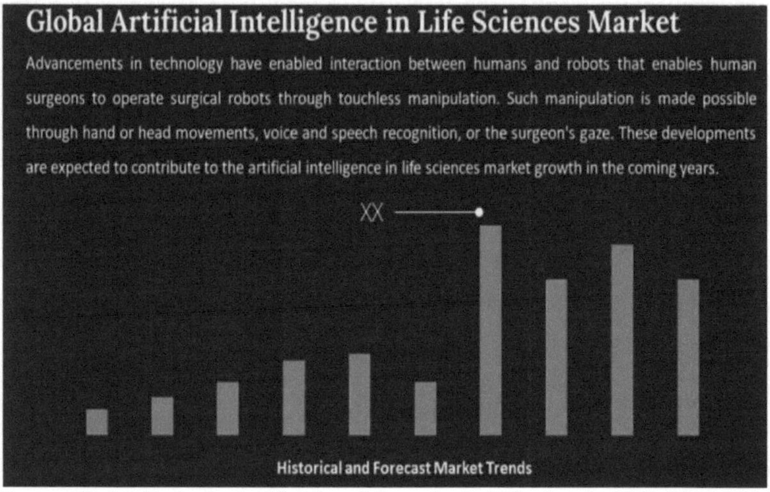

Figura 13. Inteligência Artificial no Mercado de Ciências da Vida 2024-2032

Floresta aleatória

Este algoritmo funciona com base na combinação de várias árvores de decisão. Cada árvore neste algoritmo é construída aleatoriamente a partir dos dados e caraterísticas disponíveis. Em seguida, o resultado da classificação é determinado utilizando a votação maioritária das árvores.

Regressão logística

Este algoritmo é utilizado para problemas de classificação binária. A probabilidade de um evento ocorrer em cada categoria é calculada utilizando a função logística e, em seguida, com base nisso, os dados são divididos em diferentes categorias.

Máquinas de vectores de suporte (SVM)

Este algoritmo é específico para a classificação de dados lineares e não lineares. O SVM divide os dados em diferentes classes utilizando um plano (para dados lineares) ou um hiperplano (para dados não lineares).

K Vizinhos mais próximos (KNN)

Neste algoritmo, para prever a etiqueta de uma nova amostra, são encontrados os seus vizinhos mais próximos no conjunto de dados de treino e atribui-se a etiqueta mais repetida à nova amostra. O método de trabalho do algoritmo KNN consiste em calcular primeiro a distância da nova amostra a todas as amostras de treino; em seguida, são selecionados os K vizinhos mais próximos com a distância mais curta à nova amostra. Finalmente, de acordo com as etiquetas dos vizinhos selecionados, é determinada a etiqueta da nova amostra.

O número K no algoritmo KNN indica o número de vizinhos que são considerados. A escolha do valor correto de K para qualquer problema pode ter um grande impacto na precisão do algoritmo.

Regressão linear

No algoritmo de regressão linear, é encontrada uma relação linear entre o input e o output. Utilizando esta relação, o valor de saída é previsto para novas entradas.

Agrupamento K-Means

No K-Means Clustering, os dados são divididos em K clusters de modo a que os dados de cada cluster estejam próximos uns dos outros e afastados dos dados de outros clusters.

Reforço de gradiente

Este algoritmo funciona com base na combinação de vários modelos de aprendentes fracos. Em cada passo, um modelo fraco é adicionado ao modelo anterior e os pesos das amostras são determinados utilizando a função objetivo.

XG Boost

O XG Boost é uma versão melhorada do Gradient Boosting e melhora o seu desempenho e velocidade através da utilização de métodos de otimização e compressão.

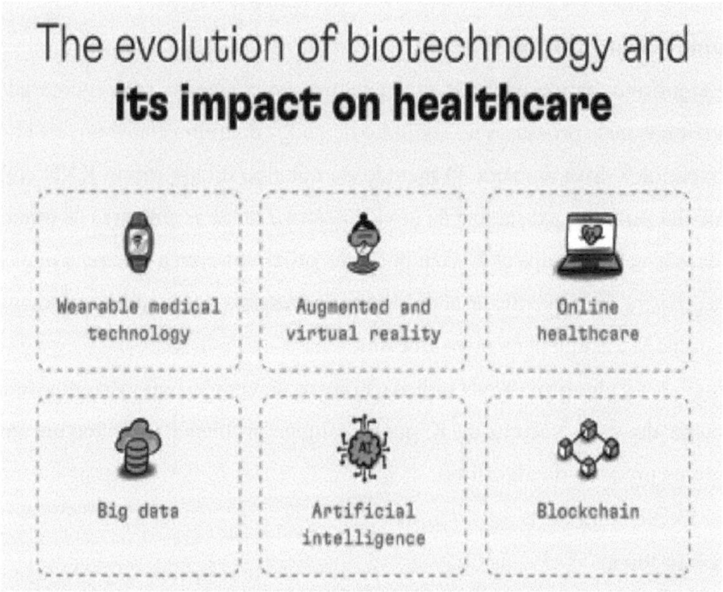

Figura 14. Tecnologias que transformam o futuro da biotecnologia

A posição da inteligência artificial no Irão

No Irão, a inteligência artificial está a ser desenvolvida e é utilizada em algumas áreas. Por exemplo, as empresas iranianas no domínio do reconhecimento facial conseguiram produzir sistemas avançados de reconhecimento facial que são utilizados em sistemas de atendimento e segurança, ou no domínio do reconhecimento corporal, estão a ser realizados projectos em universidades e empresas tecnológicas iranianas.

Além disso, no domínio da robótica, a investigação e os projectos são levados a cabo nas universidades e na indústria. Algumas empresas de inteligência artificial também produziram robots inteligentes que são capazes de reconhecer e responder a diferentes ambientes e tarefas. No domínio da economia, a inteligência artificial ajuda a analisar dados e a prever acontecimentos. Algumas empresas e instituições de investigação no Irão conseguiram utilizar algoritmos de aprendizagem automática para analisar dados económicos e financeiros.

Em geral, a inteligência artificial no Irão está ainda numa fase inicial de desenvolvimento e necessita de mais investimento e investigação.

Aplicação da inteligência artificial

De seguida, explicamos algumas das aplicações da inteligência artificial que talvez não conheça.

Reconhecimento de objectos

O reconhecimento de objectos em imagens e vídeos será possível com a ajuda da inteligência artificial. Os modelos de inteligência artificial que utilizam algoritmos de aprendizagem profunda são capazes de reconhecer diferentes objectos, como carros, seres humanos, animais e outros objectos. O reconhecimento de objectos é utilizado em áreas como a condução autónoma de automóveis, a segurança e a imagiologia.

Reconhecimento de rostos

Utilizando algoritmos de aprendizagem profunda, os modelos de inteligência artificial serão capazes de reconhecer e identificar diferentes pessoas com base nas caraterísticas faciais. O reconhecimento facial é utilizado em domínios como a segurança, o reconhecimento de identidades e os sistemas de atendimento.

Reconhecimento de voz

A IA é excelente no reconhecimento e conversão de voz em texto. Os modelos de inteligência artificial são capazes de reconhecer palavras e frases através da fala, utilizando algoritmos de processamento de sinais de áudio e aprendizagem profunda. Esta aplicação é utilizada em áreas como os sistemas de tradução automática, os sistemas de reconhecimento de voz e os sistemas de condução autónoma de automóveis.

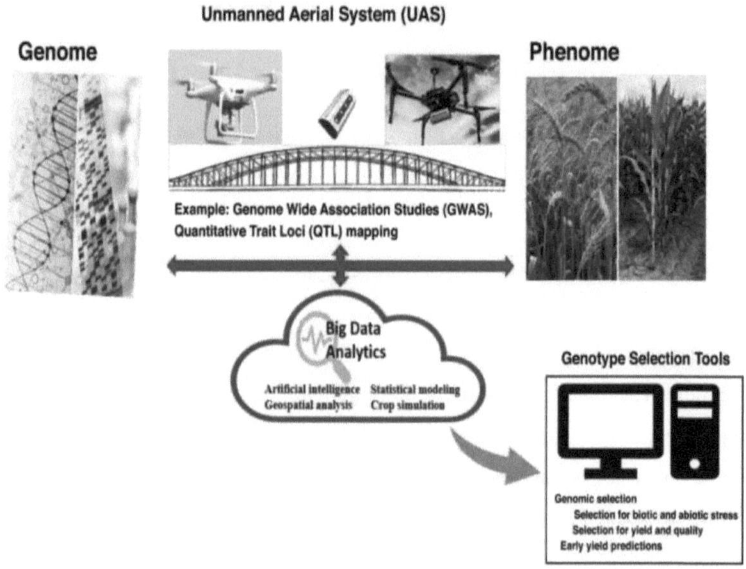

Figura 15. O potencial da teledeteção e da inteligência artificial

Falsificações profundas e IA generativa

A inteligência artificial é utilizada na criação de falsificações profundas (imagens e vídeos falsos) e na utilização de redes adversárias generativas. A inteligência artificial será capaz de produzir imagens e vídeos reais utilizando algoritmos de aprendizagem profunda. Sectores como o cinema, a publicidade e a segurança vão precisar deste sistema.

Robótica e inteligência artificial

A inteligência artificial, com a ajuda de algoritmos de aprendizagem profunda e de processamento de imagem e fala, pode conceber sistemas capazes de reconhecer e responder a diferentes ambientes e tarefas. A robótica pode ser utilizada em vários domínios.

Inteligência artificial na economia

A inteligência artificial desempenha também um papel na análise de dados e na previsão de eventos. Com algoritmos de aprendizagem automática e análise de dados, é possível construir máquinas que reconhecem padrões e tendências económicas e são utilizadas em áreas como a bolsa de valores, o mercado de capitais e os negócios.

Inteligência artificial nas empresas

A inteligência artificial é utilizada em quase todos os aspectos de uma empresa: fabrico, recursos humanos, marketing, vendas, cadeia de abastecimento e logística, serviço ao cliente, controlo de qualidade, tecnologia da informação, finanças e muito mais. Desde máquinas e veículos automatizados a algoritmos que detectam fraudes de clientes, a IA funciona. Esta capacidade pode mudar o comportamento da sua organização a partir do interior.

As máquinas de IA podem ser utilizadas como assistentes pessoais para ajudar a gerir os seus e-mails, manter o seu calendário e até fazer recomendações para facilitar os processos.

A inteligência artificial no domínio da educação

A inteligência artificial tem a capacidade de ajudar os educadores a realizar tarefas não educativas, como facilitar e automatizar mensagens pessoais aos alunos, tarefas de apoio como a classificação de documentos, interações com os pais e o processo de inscrição em vários cursos.

Inteligência artificial no domínio da produção

A monitorização do estado das máquinas de produção, a manutenção dos dispositivos, a análise das condições, a verificação da eficiência de cada departamento separadamente são as capacidades da inteligência artificial no domínio da produção.

Inteligência artificial no estabelecimento da segurança

Os sistemas de inteligência artificial serão úteis no domínio da identificação e do combate aos ciberataques e a outras ciberameaças com base na introdução contínua de dados, na identificação de padrões e no recuo dos ataques.

Inteligência artificial e interpretação de dados

Muitas pessoas acreditam que a inteligência artificial é o presente e o futuro da tecnologia. Muitos líderes da indústria estão a utilizar a IA para uma variedade de fins, incluindo a prestação de serviços valiosos e a preparação das suas empresas para o futuro.

A segurança dos dados, um dos activos mais importantes de qualquer empresa orientada para a tecnologia, é uma das aplicações mais comuns e críticas da inteligência artificial. Uma vez que o mundo está mais inteligente e mais conectado do que nunca, o desempenho da inteligência artificial nos negócios é muito importante.

Inteligência artificial no desporto

A forma como a inteligência artificial é utilizada no desporto está normalmente relacionada com a organização de tácticas, o treino de atletas, o marketing e muito mais; por outras palavras, a inteligência artificial tem um impacto significativo na forma como os conteúdos desportivos são vistos e consumidos.

Inteligência artificial nas redes sociais

- A IA no Instagram tem em conta os seus gostos e as contas que segue para determinar quais as publicações a mostrar no separador Explorar.
- Com esta ferramenta, o Facebook pode compreender melhor as conversas

ou traduzir automaticamente as mensagens de diferentes idiomas.

- A inteligência artificial é utilizada pelo Twitter para detetar fraudes, remover anúncios e conteúdos odiosos. O Twitter utiliza a inteligência artificial para recomendar tweets que os utilizadores possam gostar.

Inteligência artificial nos serviços jurídicos

A inteligência artificial é útil na análise de leis e na sugestão de soluções jurídicas. Esta tecnologia facilita a análise de textos jurídicos e fornece respostas jurídicas.

Aplicação da inteligência artificial à navegação e às viagens

Os sistemas de transporte inteligentes têm potencial para se tornarem uma das formas mais eficazes de melhorar a qualidade de vida das pessoas em todo o mundo. Atualmente, são utilizados numerosos exemplos de sistemas semelhantes em diferentes sectores, como o transporte pesado de mercadorias ou a gestão do tráfego.

Aplicação da inteligência artificial no comércio eletrónico

Nesta secção, a inteligência artificial está dividida nas 3 categorias seguintes:

- **Compras personalizadas:** A tecnologia de inteligência artificial é utilizada para criar motores de recomendação através dos quais pode interagir melhor com os seus clientes. Estas recomendações foram efectuadas de acordo com o seu histórico de navegação, preferências e interesses. Isto ajudará a melhorar a sua relação com os seus clientes e a sua fidelidade à sua marca;
- **Assistentes equipados com inteligência artificial:** Os assistentes de compras virtuais e os chatbots ajudam a melhorar a experiência do utilizador nas compras em linha. O processamento da linguagem natural é utilizado para tornar a conversa o mais humana e pessoal possível;
- **Prevenção de fraudes:** A fraude com cartões de crédito e as críticas falsas

são dois dos problemas mais importantes com que as empresas de comércio eletrónico lidam. A inteligência artificial pode ajudar a reduzir a fraude com cartões de crédito, tendo em conta os padrões de utilização. Muitos clientes preferem escolher um produto ou serviço com base nas opiniões dos clientes. A inteligência artificial neste domínio ajuda a identificar e a lidar com as críticas falsas.

Aplicação da inteligência artificial no marketing

Os profissionais de marketing utilizam a IA para apresentar anúncios mais direcionados e personalizados com a ajuda da análise comportamental e do reconhecimento de padrões no ML; também ajudam a redirecionar o público no momento certo para garantir melhores resultados e reduzir a desconfiança. A IA faz corresponder o marketing de conteúdos ao estilo e à voz da marca; pode até ser utilizada para tarefas mundanas como o desempenho, relatórios de campanha e muito mais. A inteligência artificial é capaz de fornecer personalizações em tempo real com base no comportamento do utilizador e ajudar a otimizar as campanhas de marketing.

- ✓ **Aplicação da inteligência artificial na gestão dos recursos humanos**

Os sistemas de IA têm a capacidade de fornecer aos recrutadores uma compreensão do conjunto de talentos a escolher, analisando os índices e currículos dos candidatos a emprego.

- ✓ **Aplicação da inteligência artificial na exploração espacial**

A astronomia é um tema relativamente desconhecido que suscita muito interesse e entusiasmo. Quando se trata de astronomia, um dos tópicos mais difíceis é a "análise de dados"; por esta razão, os astrónomos recorrem à aprendizagem automática e à inteligência artificial para criar novas ferramentas. Recentemente, um grupo de cientistas utilizou a inteligência artificial na investigação de fusões de galáxias para provar que as fusões de galáxias são a principal força por detrás das estrelas. Dada a dimensão deste aglomerado, os investigadores desenvolveram um sistema de aprendizagem profunda que se treinou a si próprio para localizar as galáxias em fusão. De acordo com um astrónomo, a vantagem da inteligência artificial é que melhora a repetibilidade do estudo.

- **Aplicação da inteligência artificial nos jogos de computador**

Outra secção em que as aplicações da inteligência artificial são destacadas é a "Secção de jogos". A inteligência artificial desempenha bem o seu papel na criação de NPCs inteligentes e semelhantes aos humanos para interagir com os jogadores.

- **Aplicação da inteligência artificial na agricultura**

A inteligência artificial é utilizada para identificar defeitos e deficiências de nutrientes no solo. Isto é feito utilizando visão computorizada, robótica e programas de aprendizagem automática. A IA é capaz de analisar onde estão a crescer as ervas daninhas. Os robots de inteligência artificial também podem ajudar a colher produtos com maior volume e maior velocidade.

- **Aplicações da inteligência artificial na educação**

Embora o sector da educação seja mais influenciado pelos seres humanos, a inteligência artificial começou lentamente a enraizar-se no sector da educação; mesmo neste departamento, ajuda a aumentar a produtividade dos professores, o que significa que os incentiva a concentrarem-se nos alunos em vez de se concentrarem em tarefas administrativas.

- **Aplicações da inteligência artificial nos mercados bancários e financeiros**

Segundo consta, 80% dos bancos reconheceram os benefícios que a inteligência artificial oferece. A tecnologia altamente avançada fornecida pela inteligência artificial pode ajudar a melhorar drasticamente uma vasta gama de serviços financeiros. A inteligência artificial tem a capacidade de detetar alterações no padrão das transacções, o que constitui um sinal de fraude; pode também prever e avaliar melhor os riscos dos empréstimos.

✓ Aplicações da inteligência artificial na medicina

Como já referimos, os progressos da inteligência artificial podem ser observados na ciência médica. Empresas inovadoras e instituições médicas orientadas para a tecnologia estão a criar, testar e implementar algoritmos inteligentes em vários ramos dos cuidados médicos. A aplicação destes algoritmos é vasta e vai desde a prevenção e o rastreio até ao diagnóstico, tratamento e controlo de doenças.

Ao mesmo tempo, os legisladores também prestaram especial atenção a esta questão. Em fevereiro de 2019, a Food and Drug Administration (FDA) dos EUA publicou um documento sobre o licenciamento da inteligência artificial na medicina. Esta questão não está relacionada com simples aplicações desta tecnologia. Tais utilizações já existem e têm aprovação regulamentar. A nova iniciativa da FDA diz respeito a sistemas avançados de IA em tempo real que alteram constantemente os seus algoritmos e exigem uma regulamentação diferente das soluções de software tradicionais.

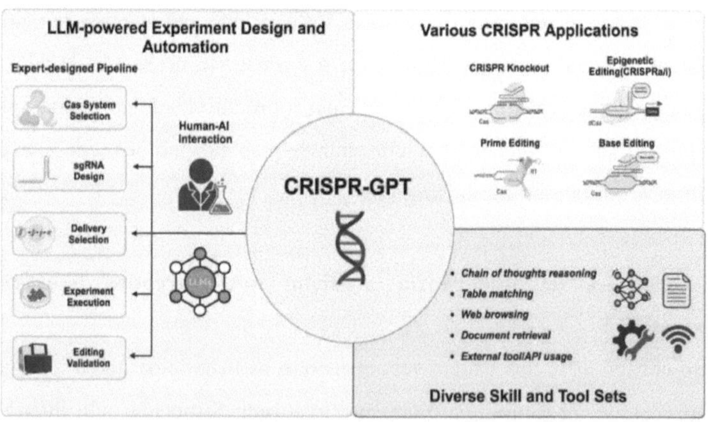

Figura 16. As 15 principais inovações na intersecção da biotecnologia

Domínio da radiologia

O treino de redes neuronais em radiologia, que normalmente envolve dezenas de milhares de conjuntos de dados, tem sido objeto de muitas notícias. Atualmente, e em alguns casos específicos, os algoritmos superam os radiologistas. De tal forma que o Professor Stefan Schonberg, diretor do Departamento de Radiologia Clínica e Medicina Nuclear do Centro Médico da Universidade de Mannheim, na Alemanha, fala de uma "revolução matemática na radiologia".

Os meios de comunicação social levantam por vezes a questão da substituição dos radiologistas por algoritmos, mas os especialistas não têm essas preocupações. A maioria dos radiologistas não vê a IA como uma ameaça; pelo contrário, acredita que esta tecnologia pode ser útil para a área da radiologia. Os algoritmos podem controlar actividades repetitivas e demoradas e, por sua vez, reduzir a carga de trabalho diária dos radiologistas.

Capítulo 3: Desafios da inteligência artificial

Embora, desde 2023, o domínio da inteligência artificial tenha registado desenvolvimentos significativos e atraído uma grande atenção, entre estes desenvolvimentos, temos de admitir que a viagem rumo à inteligência artificial não está isenta de desafios. Estes desafios no domínio da inteligência artificial incluem inúmeras complexidades que exigem uma análise cuidadosa e estratégica. Nesta secção, vamos apresentar-lhe os desafios e as complexidades que impedem a adoção da inteligência artificial.

✓ **Falta de compreensão**

A inteligência artificial é ainda uma tecnologia relativamente nova e há muito que não se compreende sobre o seu funcionamento. Esta falta de compreensão dificulta o desenvolvimento de sistemas de IA. Para fazer face a estes desafios, as empresas estão a tentar compreender os algoritmos, os modelos e as técnicas de inteligência artificial.

✓ **Preocupações com a privacidade**

Os sistemas de inteligência artificial necessitam de uma grande quantidade de dados para serem treinados e terem um melhor desempenho. Estes dados incluem informações pessoais e sensíveis e suscitam preocupações sobre a privacidade e a proteção de dados. Para reduzir estas preocupações, as empresas de inteligência artificial devem dar prioridade a medidas de confidencialidade fortes, como a anonimização dos dados ou o armazenamento seguro dos mesmos. A adoção de políticas claras de utilização dos dados e a obtenção do consentimento informado dos indivíduos também aumentam a confiança e reduzem as preocupações com a privacidade.

✓ **Potência de processamento**

Estes sistemas são computacionalmente exigentes e requerem uma capacidade de processamento significativa para efetuar tarefas complexas. Isto leva a elevados custos de infra-estruturas. Para superar estes desafios, as empresas devem utilizar os avanços na tecnologia de hardware, como chips especializados em inteligência artificial e sistemas de computação distribuída.

✓ **Falta de dados**

Os sistemas de IA dependem de dados grandes e diversificados para serem treinados e atingirem um desempenho ótimo. No entanto, nem todos os sectores têm acesso ao volume ou à qualidade de dados necessários.

As empresas podem enfrentar estes desafios no domínio da inteligência artificial reforçando as colaborações e parcerias para aceder a conjuntos de dados relevantes ou atenuar o problema do acesso limitado aos dados com técnicas como a aprendizagem por transferência, o aumento de dados e a geração de dados artificiais.

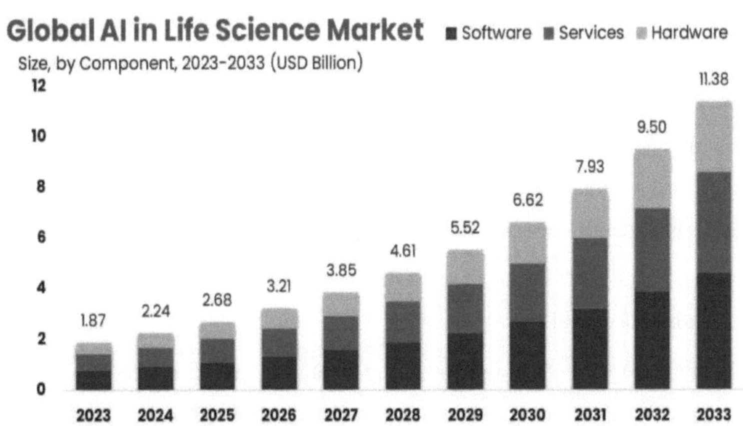

Figura 17. Tamanho do mercado de IA em ciências da vida, participação

✓ **Resultados não fiáveis**

Os sistemas de IA produzem resultados pouco fiáveis por várias razões, tais como conjuntos de dados enviesados ou incompletos, limitações algorítmicas ou complexidade das tarefas. Para lidar com estes desafios, as empresas devem dar ênfase a processos rigorosos de teste e validação durante o desenvolvimento de sistemas de IA. A monitorização e a melhoria contínuas serão eficazes na resolução deste desafio.

✓ **Falta de confiança**

Algumas pessoas podem mostrar hesitação ou relutância em confiar nos sistemas de IA, muitas vezes devido a uma falta de compreensão do modo como a IA funciona. A criação de confiança depende da transparência e da capacidade de explicação dos algoritmos de IA e dos processos de tomada de decisão. As empresas aumentarão a confiança fornecendo explicações claras e acessíveis sobre a forma como a IA obtém resultados. Além disso, o cumprimento das normas e regulamentos relevantes reforça a confiança dos utilizadores e das partes interessadas.

✓ **Objectivos pouco claros**

Por vezes, as empresas têm dificuldade em definir objectivos para a implementação da inteligência artificial na sua organização. É difícil desenvolver sistemas de inteligência artificial eficazes sem definir objectivos. Para ultrapassar estes desafios, as empresas devem efetuar avaliações exaustivas dos seus processos empresariais e identificar áreas específicas onde a IA pode criar valor.

✓ **Problemas técnicos**

A implementação da IA implica a superação de desafios técnicos como o armazenamento de dados, a segurança e a escalabilidade. As empresas devem investir numa infraestrutura robusta para poderem gerir os dados relacionados com a IA. Garantir a segurança e a privacidade dos dados ao longo do ciclo de vida da IA é fundamental para criar confiança nos utilizadores. A escalabilidade deve ser considerada desde o início para satisfazer as exigências dos sistemas de IA.

Estrutura de dados e conceção de algoritmos

✓ **Enviesamento dos algoritmos**

Por vezes, os algoritmos de IA herdam preconceitos nos dados utilizados e fornecem resultados injustos ou discriminatórios. Este desafio é muito crítico, porque os sistemas de inteligência artificial desempenham um papel importante nos processos de tomada de decisão em vários domínios. Para resolver estes preconceitos, as empresas precisam de implementar estratégias que promovam a equidade e a inclusão.

✓ **Estratégia de aplicação**

Não existe uma abordagem única para a implementação da IA. Cada empresa tem requisitos únicos, e uma estratégia de implementação eficaz deve ser adaptada às suas necessidades específicas. É essencial efetuar avaliações exaustivas da infraestrutura existente, da disponibilidade de dados e da preparação organizacional. As empresas devem desenvolver um roteiro claro que descreva as etapas, os recursos e os cronogramas necessários para integrar a IA com sucesso.

A inteligência artificial vai substituir os especialistas? No trabalho laboratorial, existe algum interesse em algoritmos que apoiem processos operacionais. Por exemplo, na monitorização interlaboratorial de sistemas de diagnóstico, esta tecnologia pode detetar problemas antes de estes ocorrerem. Isto permite programas de manutenção proactivos.

Clinicamente, os algoritmos são adequados para a tomada de decisões de diagnóstico em medicina laboratorial. Além disso, tal como na patologia, são adequados para a análise preditiva baseada em padrões complexos de biomarcadores.

É possível que, no futuro, o papel do radiologista, do patologista e do médico de laboratório seja separado um do outro. Talvez os especialistas se tornem "integradores de informação de diagnóstico" e juntem todas as peças do puzzle de diagnóstico o mais rapidamente possível, trabalhando mais estreitamente em conjunto em departamentos de diagnóstico integrados. Na continuação das aplicações da inteligência artificial no domínio da saúde, podemos mencionar a utilização desta tecnologia na deteção do vírus corona com base no som da tosse das pessoas.

Especialistas do Instituto de Tecnologia de Massachusetts anunciaram que conceberam um modelo de inteligência artificial capaz de detetar casos sem sintomas do coronavírus através do som da tosse.

Diagnóstico do coronavírus com base no som de pessoas a tossir

As pessoas que não apresentam sintomas têm menos probabilidades de serem testadas. Por conseguinte, podem transmitir a doença a outras pessoas sem o saberem. Este modelo ajuda a evitar esta complicação. Os especialistas, ao examinarem dezenas de milhares de amostras de sons de tosse e sons enviados por voluntários, descobriram que o padrão de tosse em pessoas assintomáticas é diferente do de pessoas saudáveis.

Esta diferença não pode ser reconhecida pelo ouvido humano, mas a inteligência artificial consegue detectá-la. Este modelo foi capaz de diagnosticar a doença de Covid-19 com uma precisão de 98,5% em pessoas infectadas.

Internet das coisas e inteligência artificial

Ao longo da história, houve combinações poderosas que, por si só, tinham propriedades únicas, mas que, quando juntas, faziam magia. Do mesmo modo, a excitante combinação da Internet das Coisas (IOT) e da Inteligência Artificial (IA), conhecida como AIOT, permite às empresas usufruir simultaneamente das vantagens de ambas.

Um estudo recente da researchandmarkets.com mostra que, até 2023, o valor global da utilização da inteligência artificial em dispositivos IOT atingirá 26,2 mil milhões de dólares. Esta estatística é a prova da importância e do elevado potencial desta poderosa combinação na transformação das indústrias, melhorando a eficiência e tornando os processos mais inteligentes.

Esta poderosa combinação pode ser amplamente aplicada em vários sectores, incluindo os cuidados de saúde, a agricultura, os transportes e as casas inteligentes. No domínio dos cuidados de saúde, a AIOT é capaz de melhorar significativamente o diagnóstico de doenças e a monitorização dos pacientes. Na agricultura, esta tecnologia pode aumentar a produtividade das explorações agrícolas e otimizar a gestão dos recursos.

Nos transportes, a AIOT pode desempenhar um papel significativo, melhorando os sistemas de transporte inteligentes e reduzindo o tráfego. Por último, nas casas inteligentes, esta combinação pode proporcionar maior conforto, segurança e eficiência aos residentes. Em suma, a AIOT não só tem o potencial de melhorar a eficiência e a qualidade da vida humana, como também pode levar à transformação fundamental de vários sectores.

Vantagens da AIOT para criar o seu futuro modelo de negócio

Na atual era da tecnologia 5G, a tecnologia AIOT só atingirá o seu pico de eficiência quando todos os objectos, pessoas e dispositivos estiverem ligados entre si da melhor forma possível.

Esta ligação perfeita entre a Internet das Coisas e a inteligência artificial permite às organizações alcançar melhorias sem precedentes. Agora que a inteligência artificial e a Internet das Coisas têm um impacto significativo no mundo digital, muitas empresas de desenvolvimento de aplicações IOT estão a voltar-se para técnicas avançadas de inteligência artificial e a avançar para a exploração da tecnologia AIOT, a fim de gerir melhor os dispositivos ligados.

Esta combinação não só conduz a uma maior eficiência e a um melhor desempenho dos dispositivos ligados, como também pode elevar a experiência do utilizador a um novo nível. Por exemplo, no domínio dos transportes inteligentes, a AIOT pode ajudar a otimizar as rotas e a reduzir o tráfego, reduzindo assim o tempo de viagem e optimizando o consumo de combustível. Também no sector da energia, esta tecnologia pode ajudar na gestão inteligente das redes eléctricas e na otimização do consumo de energia. Desta forma, a AIOT pode desempenhar um papel significativo na criação de sociedades mais sustentáveis e inteligentes, onde a tecnologia serve para melhorar a qualidade de vida humana.

As principais vantagens da convergência da inteligência artificial e da Internet das Coisas para as empresas podem ser resumidas nas 4 categorias seguintes

- ✓ Decisões inteligentes nos negócios;
- ✓ Aumentar a eficiência operacional;
- ✓ Criar experiências agradáveis para os clientes;
- ✓ Previsões exactas do comportamento dos consumidores.

É claro que a AIOT não é a única grande utilização da inteligência artificial no futuro, e temos de investigar o impacto da inteligência artificial e o que pode ser feito com a inteligência artificial para ver qual será o impacto da inteligência artificial nas nossas vidas e, mais importante, quais as caraterísticas da inteligência artificial que podem ter um impacto positivo na sociedade.

O impacto da inteligência artificial na sociedade

Depois de ter pesquisado sobre a inteligência artificial e sobre o que é mais importante para utilizar a inteligência artificial, é altura de examinar a importância da inteligência artificial na sociedade humana. A inteligência artificial (IA) está a tornar-se rapidamente um dos elementos essenciais da sociedade moderna e tem efeitos de grande alcance em vários aspectos da vida humana. No domínio dos cuidados de saúde, a IA provocou uma enorme revolução.

Esta tecnologia é capaz de ajudar a diagnosticar doenças com maior precisão e rapidez, especialmente nos casos em que a exatidão e a rapidez do diagnóstico são fundamentais. Ao analisar imagens médicas, os algoritmos de aprendizagem profunda podem identificar tumores com maior precisão e até diagnosticar doenças como o cancro nas fases iniciais. Além disso, os sistemas baseados na inteligência artificial podem ajudar os médicos a formular planos de tratamento personalizados, o que resulta em melhorias significativas nos resultados do tratamento dos doentes.

No domínio dos negócios e da economia, a inteligência artificial desempenha um papel muito importante. Esta tecnologia permite às empresas explorar grandes volumes de dados e descobrir padrões ocultos nesses dados. Ao analisar os dados dos clientes, as empresas podem compreender melhor as suas necessidades e preferências e oferecer os seus serviços e produtos de uma forma que melhor corresponda às necessidades dos clientes.

Além disso, a inteligência artificial ajuda a otimizar os processos de produção e da cadeia de abastecimento, o que conduz a custos mais baixos e a uma maior produtividade. Utilizando robôs baseados em IA e sistemas automatizados, as empresas podem subcontratar tarefas repetitivas e arriscadas a máquinas e direcionar os seus recursos humanos para a realização de tarefas mais complexas e criativas.

A inteligência artificial também tem efeitos profundos na vida quotidiana das pessoas. Desde assistentes de voz inteligentes, como a Siri e a Alexa, a sistemas de recomendação em plataformas sociais e lojas em linha, a IA foi concebida para tornar as nossas interações diárias mais fáceis e mais eficientes. Esta tecnologia pode simplificar as rotinas diárias e melhorar a experiência do utilizador. Por exemplo, os sistemas de encaminhamento inteligentes que utilizam a inteligência artificial podem sugerir percursos óptimos e minimizar o tempo de viagem através da análise do tráfego em tempo real.

Em suma, a inteligência artificial melhora as nossas vidas, fornecendo novas ferramentas e optimizando processos e ajudando-nos a utilizar o nosso tempo e recursos da melhor forma possível. Claro que não é verdade que os robôs brancos e prateados com luz azul que se vêem todos os dias em diferentes meios de comunicação social sejam a forma de inteligência artificial ou a imagem do dispositivo de inteligência artificial e que a nossa vida continuará entre robôs de ferro, porque agora as coisas boas da inteligência artificial entraram nas nossas vidas e podemos ver exemplos de inteligência artificial na vida humana moderna.

Aplicações da inteligência artificial na vida humana moderna

Quase todos nós estamos cientes da utilização da inteligência artificial nos computadores e das capacidades da inteligência artificial para tornar as coisas mais rápidas e mais precisas, mas a questão é saber exatamente em que parte da vida humana é que as capacidades da inteligência artificial devem afetar e que ramo da inteligência artificial pode ter um impacto tremendo na melhoria da nossa vida quotidiana.

Quase todos nós conhecemos as aplicações da inteligência artificial nos computadores e as capacidades desta tecnologia para tornar as coisas mais rápidas e mais precisas, mas a questão é saber exatamente em que áreas da vida humana é que as capacidades da inteligência artificial devem afetar e que ramos da inteligência artificial podem ter um impacto tremendo para melhor na nossa vida quotidiana.

Um desses ramos é a aprendizagem automática, que permite que os sistemas aprendam com os dados e tomem melhores decisões. Por exemplo, no domínio dos cuidados de saúde, a aprendizagem automática pode ajudar a diagnosticar doenças precocemente através da análise de dados médicos. Nos transportes, os sistemas de aprendizagem automática podem sugerir percursos óptimos para os condutores, analisando o tráfego e prevendo os seus padrões.

Nas casas inteligentes, a aprendizagem automática pode aprender os padrões de comportamento dos residentes e ajustar automaticamente a temperatura, a iluminação e a segurança da casa. Desta forma, a aprendizagem automática não só aumenta a eficiência e a precisão, como também melhora a qualidade da nossa vida quotidiana.

O futuro da inteligência artificial

É difícil comentar o futuro desta tecnologia espantosa, mas devido às suas muitas capacidades, a inteligência artificial será amplamente utilizada na vida pessoal e profissional das pessoas. A Internet das Coisas é o modelo mais popular desta tecnologia no mundo atual.

Linguagens e técnicas de programação da inteligência artificial

A criação de inteligência artificial requer um determinado conjunto de competências. Seguem-se oito linguagens de programação adequadas para o desenvolvimento de IA.

1. Inteligência artificial com Python

Python é uma linguagem de programação de alto nível e de uso geral. Os programadores valorizam o Python pela sua sintaxe simples e pela sua abordagem orientada para objectos para a manutenção do código. Python é uma boa opção para projectos grandes e complexos. A estrutura Python mais popular para o desenvolvimento de inteligência artificial é o Tensor Flow. O Tensor Flow é uma biblioteca de aprendizagem automática de código aberto para treinar redes neurais profundas. Outras bibliotecas e frameworks Python pré-existentes incluem:

1. Pandas;
2. SciPy;
3. Nltk;
4. PyTorch;
5. Keras;
6. Theano;
7. Scikit-learn.

Com estas tecnologias, poderá efetuar a aprendizagem automática, o processamento de linguagem natural (PNL) e a avaliação de expressões matemáticas avançadas. O processamento de linguagem natural é o que as aplicações de assistentes inteligentes como a Alexa utilizam para compreender o que está a dizer e como responder. Apesar das suas capacidades, Python é uma das linguagens mais fáceis de aprender.

Java

Java é uma linguagem valiosa. Pode utilizar Java em qualquer lugar e em qualquer plataforma. Embora os programadores Android tenham a opção de trabalhar com Kotlin, Java é uma linguagem nativa para o desenvolvimento de aplicações Android. Os programadores de aplicações móveis sabem que a IA é uma tendência lucrativa; mesmo fora das aplicações móveis, o Java tem várias bibliotecas de aprendizagem automática para aprendizagem profunda e processamento de linguagem natural. Se gosta de utilizar Java para as suas necessidades de aprendizagem automática, temos algumas opções sugeridas para si:

1. Biblioteca Java profunda;
2. Kubeflow;
3. Abrir a PNL;
4. Biblioteca de aprendizagem automática Java;
5. Neuroph.

Java, com a sua linguagem simples, é certamente utilizada em projectos de inteligência artificial.

✓ **Lisp**

Lisp é uma das linguagens mais antigas para o desenvolvimento da inteligência artificial, tendo sido criada em 1958 e até 1962, com a ajuda de John McCarthy, foi capaz de ajudar a resolver os problemas da inteligência artificial. Atualmente, esta linguagem tem muitas capacidades, mas devido às suas bibliotecas complexas, os programadores raramente a utilizam. Existem vários projectos de IA para os quais a experiência em Lisp é uma grande mais-valia, tais como:

1. Prototipagem rápida;
2. Criação dinâmica;
3. Implementação de estruturas de dados como programas;
4. Modificar programas como dados;
5. Recolha obrigatória de lixo.

Recentemente, o Lisp tornou-se muito popular devido à sua grande flexibilidade e capacidade de transformar ideias em realidade.

✓ **C++**

O C++ já existe há muito tempo e é relativamente de baixo nível. O C++ funciona bem com hardware e máquinas, mas não muito bem para o lado teórico do software. No entanto, a capacidade do C++ é óptima para a programação de baixo nível. É possível construir redes neuronais de raiz utilizando C++ e traduzir o código do utilizador para algo que as máquinas possam compreender.

✓ **R**

O R é uma linguagem popular entre os jovens e os profissionais. O R não é a melhor linguagem para a inteligência artificial, mas é muito útil para calcular números. No desenvolvimento da IA, os dados são muito importantes, por isso não subestime o R se quiser analisar e apresentar dados com precisão. Em seguida, apresentamos-lhe alguns pacotes R:

1. **Gmodels:** Ferramentas para ajuste de modelos;
2. **Tm:** Uma estrutura para aplicações de extração de texto;
3. **OneR:** Para implementar a classificação de aprendizagem automática de uma regra.

✓ **Júlia**

Julia é uma das novas linguagens para o desenvolvimento de inteligência artificial. Embora a comunidade de Julia seja pequena neste momento, está sempre nas listas como uma das melhores linguagens para a inteligência artificial. As principais caraterísticas do Julia incluem suporte direto para funções C, sistema de tipos dinâmicos e computação paralela e distribuída. Julia tem vários pacotes para o desenvolvimento de inteligência artificial, tais como:

1. MLJ.jl;
2. Flux, jl;
3. Turing, jl;
4. Cabeça metálica.

- ✓ **Prolog**

Prolog é uma porta de programação lógica desde 1972. O Prolog funciona bem para uma variedade de projectos. Em Prolog, em vez de utilizar sequências codificadas, basta desenhar um conjunto básico de factos, regras, objectivos e consultas. O Prolog é bom na correspondência de padrões, especialmente quando se trata de PNL.

- ✓ **Haskell**

Haskell é uma linguagem de programação estática e totalmente funcional. Haskell não é apenas altamente flexível, mas a gestão eficiente da memória e as práticas de reutilização tornam-na muito prática. Haskell é uma linguagem de programação preguiçosa, o que significa que avalia partes do código conforme necessário.

Capítulo 4: O problema do controlo da inteligência artificial

O problema do controlo da inteligência artificial significa conceber e determinar métodos e algoritmos que possam controlar corretamente a inteligência artificial. Por exemplo, no domínio da robótica, a questão do controlo da inteligência artificial inclui a conceção de algoritmos e métodos que permitam aos robôs reconhecer e responder ao seu ambiente e às suas tarefas.

Corrida ao armamento da inteligência artificial

Uma corrida ao armamento da IA é uma competição entre sistemas de inteligência artificial. Nesta competição, os sistemas de inteligência artificial competem entre si para mostrar qual deles é melhor a resolver um problema específico. Esta competição é realizada em vários domínios, como os jogos de computador, o reconhecimento de imagens e a tradução automática. O principal objetivo da corrida ao armamento da IA é a "investigação e desenvolvimento da IA".

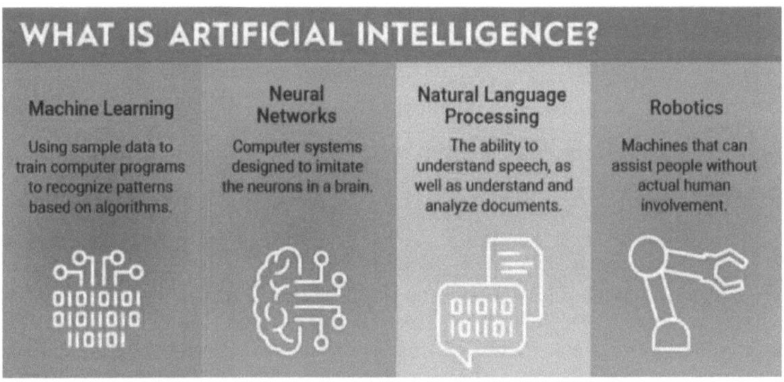

Figura 18. O que é a Inteligência Artificial?

Empregos relacionados com a inteligência artificial

Alguns dos empregos mais populares relacionados com a IA incluem:

Engenheiro de software

Este grupo de engenheiros trabalha no desenvolvimento de software para criar novos produtos, desde chatbots novos e melhorados a aplicações de compras com

IA. Utilizam linguagens de programação como Python e Java.

Cientista de dados

Os cientistas de dados recolhem, organizam e analisam os dados utilizados na inteligência artificial. São responsáveis pela marcação de dados para ajudar a melhorar a IA no futuro. Estas pessoas trabalham em empresas de tecnologia ou de engenharia.

✓ **Engenheiro de aprendizagem automática**

Os engenheiros de aprendizagem automática utilizam dados e algoritmos para melhorar as ferramentas de IA. Pretendem ajudar a IA a melhorar a sua precisão e a "pensar" como um ser humano. As tarefas dos engenheiros de aprendizagem automática incluem a investigação, a análise e a otimização de fórmulas de aprendizagem automática.

✓ **Engenheiro de dados**

Estes engenheiros constroem a infraestrutura digital para armazenar de forma segura os dados de que as ferramentas de IA necessitam para funcionar corretamente.

✓ **Engenheiro de processamento de linguagem natural**

Os engenheiros de processamento de linguagem natural (PNL) concebem sistemas de processamento de PNL; por exemplo, podem criar ferramentas que permitam à IA reconhecer padrões de discurso, tal como a Alexa que segue os seus comandos. Para além de desenvolverem novas ferramentas, os engenheiros de processamento da linguagem natural podem melhorar as ferramentas existentes para melhorar a experiência do utilizador.

- ✓ **Engenheiro de robótica**

Os engenheiros de robótica utilizam ferramentas como a automação e a inteligência artificial (IA) para desenvolver sistemas robóticos. Estes sistemas podem executar tarefas laboriosas que anteriormente eram executadas por humanos, desde a recolha de artigos em armazéns até à limpeza de pavimentos.

- ✓ **Programador de Business Intelligence (BI)**

Os programadores de Business Intelligence ajudam a colmatar a lacuna entre os dados de IA e as pessoas que trabalham com eles, incluindo gestores de produtos, analistas e executivos. Organizam e comunicam dados de uma forma compreensível.

- ✓ **Engenheiro de aprendizagem profunda**

A aprendizagem profunda é um tipo de aprendizagem automática que lida com redes neurais artificiais. Os engenheiros de aprendizagem profunda procuram melhorar a inteligência artificial para que esta possa imitar melhor a forma como o conhecimento é adquirido.

- ✓ **Engenheiro de visão por computador**

Os engenheiros de visão computacional ajudam as ferramentas baseadas em IA a ver como um ser humano. Criam programas que podem criar e interpretar informações visuais semelhantes às do cérebro humano, como a leitura de um código QR para ver o menu de um restaurante.

Qual é a diferença entre inteligência artificial e aprendizagem automática?

Muitas pessoas pensam, erradamente, que inteligência artificial e aprendizagem automática são sinónimos, quando são completamente diferentes. Se quisermos explicar este tópico de uma forma mais simples, deve dizer-se que a inteligência artificial é um software de computador que utiliza técnicas criativas com números matemáticos em vez de todas as coisas que os humanos fazem para realizar tarefas complexas, como a análise, o raciocínio e a aprendizagem. Por outro lado, a aprendizagem automática é um subconjunto da inteligência artificial que implementa algoritmos treinados em dados para realizar bem tarefas humanas complexas.

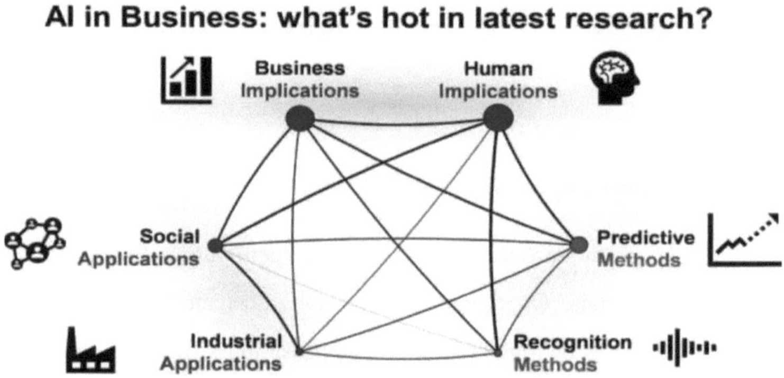

Figura 19. Inteligência artificial das coisas

Atualmente, a tecnologia está a desenvolver-se rapidamente e a criar coisas fantásticas. Por exemplo, a inteligência artificial, utilizando a aprendizagem automática, executa e apresenta todos os pedidos digitais de um ser humano com a máxima qualidade. Por conseguinte, a inteligência artificial pode ter aplicações mais abrangentes, para além da aprendizagem automática.

Outro ponto é que a inteligência artificial tenta imitar o comportamento e as acções humanas através de um computador que utiliza códigos, técnicas ou estatísticas matemáticas. Enquanto a aprendizagem automática não tem nada a ver com a compreensão de conceitos profundos e codificados.

O domínio da inteligência artificial é muito vasto, mas a aprendizagem automática tenta ensinar uma tarefa específica a uma máquina ou dispositivos e ajuda a automatizá-los. Tendo em conta o futuro da inteligência artificial e o seu desenvolvimento contínuo, esta tecnologia está lentamente a aprender a pensar e a tomar decisões completamente como um ser humano. Em contrapartida, a aprendizagem automática só é capaz de realizar tarefas para as quais já tenha recebido dados relevantes.

Inteligência artificial e biotecnologia

Quais são as utilizações da inteligência artificial?

A inteligência artificial é utilizada em todos os aspectos da vida humana e urbana. Alguns dos sectores em que a inteligência artificial é utilizada são:

- ✓ Inteligência artificial em astronomia;
- ✓ A inteligência artificial nos cuidados de saúde;
- ✓ Inteligência artificial no jogo;
- ✓ A inteligência artificial nas finanças;
- ✓ Inteligência artificial na segurança dos dados;
- ✓ Inteligência artificial nas redes sociais;
- ✓ Inteligência artificial nas viagens e nos transportes;
- ✓ A inteligência artificial na indústria automóvel;
- ✓ A inteligência artificial na engenharia genética;
- ✓ Inteligência artificial em biologia;
- ✓ Aplicação da inteligência artificial biotecnológica.

A inteligência artificial (IA) pode parecer futurista, mas já existe em muitas tecnologias do quotidiano. Por exemplo, dá aos nossos dispositivos portáteis reconhecimento de voz e de rosto. A inteligência artificial também está presente na biotecnologia, onde transformou muitos aspectos da descoberta e desenvolvimento de medicamentos. Talvez a aplicação da inteligência artificial na biotecnologia seja um pouco estúpida para si.

Qual é a aplicação da inteligência artificial na biotecnologia?

As aplicações da inteligência artificial na biotecnologia incluem a identificação de alvos de medicamentos, o rastreio de medicamentos, o rastreio de imagens e a modelação preditiva. A inteligência artificial é também utilizada para compreender melhor a literatura científica e gerir dados de ensaios clínicos. As tecnologias de inteligência artificial estão a ser desenvolvidas por várias empresas para servir a indústria biotecnológica.

Utilizando a aprendizagem automática, a IA pode gerir vários conjuntos de dados de ensaios clínicos, permitir o rastreio virtual e analisar grandes quantidades de dados. Para além de reduzir os custos dos ensaios clínicos, a IA pode encontrar informações anteriormente inatingíveis e introduzi-las no processo de desenvolvimento de medicamentos.

Várias tecnologias estão a desenvolver tecnologias de IA para servir a indústria biotecnológica. Os seus serviços herdados estão a tornar-se rapidamente indispensáveis à medida que métodos antigos, como a análise estatística clássica ou a digitalização manual de imagens, atingem os seus limites práticos.

Um novo mundo de abundância de inteligência artificial na engenharia genética

A Atom wise foi a primeira empresa a aplicar um tipo convencional de aprendizagem automática, a Rede Neural Convolucional (CNN), à conceção e descoberta de medicamentos. As CNN são utilizadas em aplicações familiares do quotidiano, como a tecnologia de reconhecimento de voz da Alexa ou a funcionalidade de marcação de imagens do Facebook.

A Atom wise tem 550 projectos de aprendizagem automática em curso que se centram em problemas como a deteção de acertos, a otimização da potência, a otimização da seleção e os testes de toxicidade fora do alvo, em que vemos a aplicação da IA na biotecnologia de forma bastante evidente.

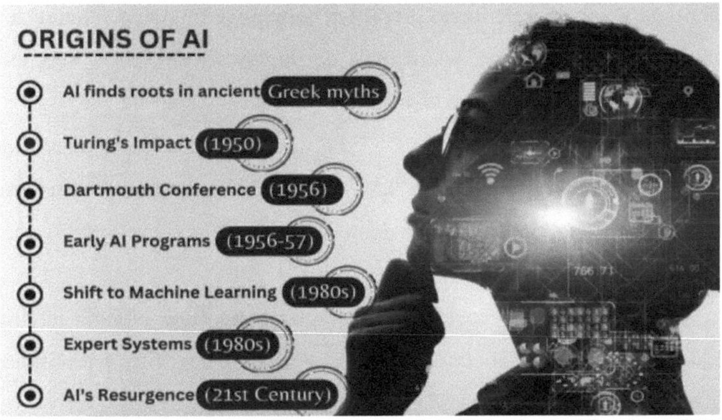

Figura 20. Factos surpreendentes sobre a Inteligência Artificial em 2024

Inteligência artificial autónoma em utilização no mundo real

A aprendizagem automática também oferece oportunidades interessantes no domínio do diagnóstico clínico. Por exemplo, a Eyenuk está a desenvolver tecnologias de IA para aplicações médicas.

O primeiro produto da empresa a ser comercializado utiliza a IA para diagnosticar doenças a partir de imagens da retina. Num ensaio clínico que incluiu 942 doentes e 15 centros médicos dos Estados Unidos, a sensibilidade para o diagnóstico da retinopatia diabética foi superior a 95%.

Algoritmo genético na inteligência artificial

Os algoritmos genéticos são algoritmos de pesquisa aleatória que funcionam numa população de soluções possíveis. Os algoritmos genéticos em IA são utilizados como outros algoritmos de pesquisa em IA - para pesquisar o espaço de soluções potenciais e encontrar uma que resolva o problema. Os problemas de despistagem de medicamentos são ultrapassados por uma multiplicidade de moléculas. "Se tivermos 100 mil milhões de moléculas e um modelo com 99% de exatidão, o resultado é muito bom.

"Mas isso significa que temos um por cento de falsos positivos e que a resposta correta é um em mil milhões de falsos positivos", diz Heifs. De facto, o que é necessário para trabalhar de forma produtiva neste novo mundo de abundância são técnicas computacionais que sejam mais de 99,999% - 99,999% exactas. "Tal como muitas outras tecnologias disruptivas na investigação de medicamentos - tecnologias como a edição de genes CRISPR, a degradação de proteínas induzida por quimeras e a interferência de RNA - a IA está a gerar muito entusiasmo. A "inteligência artificial" promete perseguir alvos anteriormente intratáveis, disse Heifs.

Salienta que o interesse precoce por tecnologias disruptivas como a inteligência artificial precede resultados clínicos incríveis. E sublinha: "Esta é a promessa de abertura de oportunidades verdes".

Quais são os principais componentes do algoritmo genético na inteligência artificial?

Os principais componentes do algoritmo genético são o cruzamento, a mutação e a seleção do mais apto.

Como funciona a IA do algoritmo genético?

Do ponto de vista computacional, um algoritmo genético implementa um modelo computacional através de matrizes de bits ou caracteres (cadeias binárias) que representam os cromossomas. Cada cadeia representa uma solução potencial. O algoritmo genético manipula então os cromossomas mais promissores em busca de soluções melhoradas.

Porque é que o algoritmo genético é importante?

São normalmente utilizados para gerar soluções de elevada qualidade para problemas de otimização e de pesquisa. Os algoritmos genéticos simulam o processo de seleção natural, o que significa que as espécies que se conseguem adaptar às mudanças no seu ambiente são capazes de sobreviver, reproduzir-se e passar para a geração seguinte.

Aplicação da inteligência artificial na engenharia genética

A inteligência artificial (IA) é a simulação de inteligência num agente inanimado. No domínio do diagnóstico clínico, definimos IA como qualquer sistema informático capaz de interpretar corretamente os dados de saúde. Especialmente na forma natural que é observada pelos humanos. Muitas vezes, estas aplicações clínicas adoptam quadros de IA para interpretar eficientemente grandes conjuntos de dados complexos.

Este sistema de IA lida com dados de saúde externos que são normalmente interpretados por humanos e que foram minimamente processados antes de serem expostos ao sistema de IA. Por exemplo, são treinadas imagens clínicas rotuladas e interpretadas por um perito humano. O sistema de IA aprende então a efetuar uma tarefa de interpretação de novos dados de saúde do mesmo tipo que, em diagnósticos clínicos, identificam ou prevêem frequentemente um estado de doença.

Tarefas de interpretação da inteligência artificial na engenharia genética

As tarefas de interpretação da inteligência artificial podem ser agrupadas na engenharia genética em classes de problemas como a visão por computador, a análise de séries temporais, o reconhecimento de voz e o processamento de linguagem natural. Cada um destes problemas é bem adequado para abordar tipos específicos de tarefas de diagnóstico clínico.

Por exemplo, a visão por computador é útil para interpretar imagens radiológicas, a análise de séries temporais é útil para analisar dados de saúde de fluxo contínuo, como os fornecidos por electrocardiogramas, os métodos de reconhecimento de voz podem ser utilizados para diagnosticar perturbações neurológicas e o processamento de linguagem natural.

A IA pode ser útil para extrair informações significativas dos dados dos registos de saúde electrónicos (RSE). Em alguns domínios, a relação entre as classes de problemas e as tarefas de diagnóstico pode não ser tão clara. Por exemplo, as técnicas de visão por computador também são úteis para identificar elementos reguladores funcionais no genoma humano, onde podem ser utilizadas para identificar motivos repetitivos nas sequências de ADN de forma semelhante à forma como os padrões de pixéis nas imagens são detectados por convolução.

Algoritmos de inteligência artificial

Muitos destes problemas foram resolvidos por um grande grupo de algoritmos de inteligência artificial conhecidos como aprendizagem profunda, que podem aprender caraterísticas interpretáveis a partir de conjuntos de dados grandes e complexos utilizando arquitecturas de redes neuronais profundas. As redes neuronais são sistemas computacionais de neurónios artificiais (também designados por "nós") que transmitem sinais uns aos outros, muitas vezes em camadas interligadas. As camadas que não são camadas de entrada ou de saída são designadas por camadas "ocultas".

Uma rede neural profunda é constituída por muitas camadas ocultas de neurónios artificiais. As redes neuronais recebem frequentemente como entrada a unidade básica de dados que são treinadas para interpretar:
Por exemplo, intensidade de pixéis em imagens. Códigos de diagnóstico, prescrição e procedimento em dados EHR; ou dados de sequência de nucleótidos em aplicações genómicas. Por outras palavras, ao contrário da maioria das abordagens de aprendizagem automática, é necessária a extração humana e a definição de caraterísticas mínimas de previsão.
Uma multiplicidade destas caraterísticas simples é combinada em camadas sucessivas da rede neuronal de várias formas, concebidas pelo arquiteto humano da rede neuronal, para representar conceitos ou caraterísticas mais complexos dos dados de saúde de entrada. Finalmente, o resultado da rede neuronal é a tarefa de interpretação para a qual a rede foi treinada. Por exemplo, camadas sucessivas de um algoritmo de visão computacional podem aprender a reconhecer bordas numa imagem, depois um conjunto de formas que representam objectos específicos, e

assim por diante.

Inteligência artificial na biotecnologia

Inteligência artificial na biotecnologia agrícola

As empresas de biotecnologia estão agora a utilizar soluções de IA/ML para desenvolver robôs autónomos que executam tarefas agrícolas críticas, como a colheita de culturas, a um ritmo muito mais rápido do que os humanos. Os algoritmos de visão computacional e de DL são utilizados para processar e analisar os dados captados pelos UAV. Isto ajuda a monitorizar a saúde das culturas e do solo. Os algoritmos de ML ajudam a seguir e a prever várias alterações ambientais, incluindo alterações meteorológicas que afectam o desempenho das culturas. A transformação digital também tem um grande impacto no domínio da agricultura inteligente.

Inteligência artificial na biotecnologia florestal

A madeira é um recurso cada vez mais importante para a humanidade, e as florestas naturais têm um valor ecológico muito elevado. No entanto, estas florestas de crescimento lento não são capazes de satisfazer a procura atual e, consequentemente, os recursos florestais perdem-se e degradam-se. A inteligência artificial pode ser utilizada para analisar dados de imagens de satélite, imagens de drones e outras fontes para prever o crescimento e o desempenho de diferentes espécies de árvores em diferentes locais.

Isto pode ajudar a otimizar a plantação e a gestão florestal para obter a máxima produtividade. A inteligência artificial pode ser utilizada para analisar dados sobre a presença e a propagação de doenças e pragas nas florestas, bem como para prever o seu possível impacto na saúde e na produtividade das árvores. A inteligência artificial pode ser utilizada para otimizar a utilização de recursos como a água e os nutrientes nas florestas para maximizar a produtividade e minimizar o desperdício.

Inteligência artificial na biotecnologia médica

O Regulamento Europeu de Diagnóstico Laboratorial (RDIV) inclui explicitamente nos seus requisitos o software e, por conseguinte, os algoritmos de inteligência artificial. Este facto coloca desafios significativos às empresas de diagnóstico in vitro (IVD) que utilizam a inteligência artificial para análise de dados e apoio à decisão.

No entanto, se as questões éticas e jurídicas forem consideradas e bem tratadas, vemos o enorme potencial da IA para revolucionar a biotecnologia médica, permitindo uma identificação e desenvolvimento mais rápidos, mais precisos e mais económicos de mais do que apenas novos medicamentos.

- ✓ **Identificação de alvos de medicamentos:** A inteligência artificial pode ser utilizada para analisar dados de várias fontes, como dados genómicos e dados de interação proteína-proteína, para identificar potenciais alvos terapêuticos para o tratamento de doenças. Isto pode incluir a utilização de algoritmos de aprendizagem automática para identificar padrões e correlações que podem não ser evidentes para os seres humanos.
- ✓ **Rastreio de medicamentos:** A IA pode ser utilizada para analisar dados sobre a atividade de potenciais medicamentos contra vários alvos para identificar os que têm maior probabilidade de serem eficazes. Isto pode implicar a utilização de algoritmos de aprendizagem automática para prever a probabilidade de um determinado medicamento ser eficaz com base nas suas caraterísticas e nas caraterísticas do alvo.

Inteligência artificial em bioinformática

Embora o ML esteja agora bem estabelecido na investigação médica através da integração de múltiplas abordagens à biologia de sistemas, existem ainda desafios na ciência ambiental. Por exemplo, a utilização da meta-proteómica do solo e a ligação a outros dados OMIC, ou mesmo a ausência de tais informações, consomem tempo e poder computacional, uma vez que a dimensão das bases de dados públicas aumenta drasticamente.

Neste caso, os algoritmos de DL podem ser uma solução que poupa recursos, uma vez que o ML é particularmente útil para prever grandes conjuntos de dados e o human-in-the-loop pode aumentar o poder explicativo, descartando os resultados que não são aceitáveis para o ecossistema em estudo. A combinação de dados ómicos com bioinformática e ML permite passar de dados de natureza descritiva para aplicações em domínios como a medicina, a agricultura e a silvicultura.

Desafios transversais

Permitir o desenvolvimento de modelos fiáveis de inteligência artificial

Nas últimas décadas, a investigação biotecnológica e biomédica tem sido afetada por problemas de reprodutibilidade. Os estudos que analisam sistematicamente as fontes destes problemas mostram que os problemas não estão localizados num sector específico, mas em diferentes partes de toda a cadeia de objectos de investigação, desde os materiais biológicos até aos dados gerados/colectados. Isto levou ao desenvolvimento de modelos de proveniência que permitem documentar a história dos objectos de investigação de forma legível por máquina em ambientes multi-institucionais distribuídos, incluindo o desenvolvimento de normas na ISO como a série de normas 23494.

Quando estão disponíveis extensões de modelos específicos de um domínio e a proveniência é sistematicamente desenvolvida, estas podem ser utilizadas para avaliar programaticamente a qualidade dos dados, ou seja, a sua adequação a fins específicos. A proveniência legível por máquina pode também apoiar vários objectivos regulamentares, como o acesso e a partilha de benefícios para os recursos genéticos (ABS, também conhecido como Protocolo de Nagoya), ou a documentação para efeitos de conformidade com os regulamentos de diagnóstico vitro.

Especificamente, para o desenvolvimento de modelos de inteligência artificial, as limitações decorrem da disponibilidade de quantidades suficientes de dados que sejam adequados ao objetivo, ou seja, de qualidade suficiente. A disponibilidade de dados depende, em muitos casos, da disponibilidade de material biológico adequado para o efeito. A disponibilidade de dados tem sido geralmente estimulada pela adoção generalizada dos princípios FAIR e das suas extensões locais ou de domínio, como o FAIR-Health ou o FAIR4RS.

Nalgumas áreas, há iniciativas orientadas para a produção de repositórios de dados de alta qualidade para fins de IA, como a Rede de Investigação TCGA, com mais de 2,5 petabytes de dados publicamente disponíveis para qualquer pessoa. está disponível A inteligência artificial é um termo muito lato que, atualmente, é utilizado de forma ampla e prática para qualquer coisa em que qualquer sistema de processamento de informação digital processe quaisquer dados.

Por conseguinte, a digitalização e a transformação digital desempenham um papel fundamental no início de qualquer aplicação da inteligência artificial. É precisamente a disponibilidade de grandes volumes de dados de alta qualidade e o rápido aumento da capacidade de computação que têm sido e serão factores decisivos. Estas serão as forças motrizes da inteligência artificial no futuro.

Capítulo 5: 5 aplicações interessantes da inteligência artificial na biologia

Representação de sonhos, sonhos e memórias

Imagine que um computador pode mostrar os seus pensamentos ou desenhar as imagens que viu nos seus sonhos. Agora, esta questão não está longe da mente e os cientistas da Universidade de Quioto, no Japão, conseguiram decifrar os pensamentos humanos com a ajuda da inteligência artificial.

As investigações destes cientistas mostraram que, utilizando a leitura das ondas cerebrais e a sua interpretação com inteligência artificial, as imagens que uma pessoa imagina podem ser apresentadas passo a passo no ecrã. Um dos investigadores deste projeto afirma Os nossos métodos anteriores mostraram que as imagens que o cérebro cria são compostas por pequenos pixéis ou formas muito simples e produzem a forma global. Mas a nossa investigação recente indicou que o cérebro cria uma imagem geral de um objeto e depois completa-a passo a passo e inclui as suas caraterísticas mais finas na imagem criada.

Embora as imagens obtidas não fossem muito nítidas, foram muito interessantes para o primeiro passo. O acesso a tecnologia que tem a capacidade de ler memórias é considerado um grande passo no progresso humano e pode permitir-nos num futuro não muito distante. Podemos controlar carros ou partilhar a imagem dos nossos sonhos com outras pessoas apenas pensando em palavras e formas. O que partilharia com os outros se fosse você?

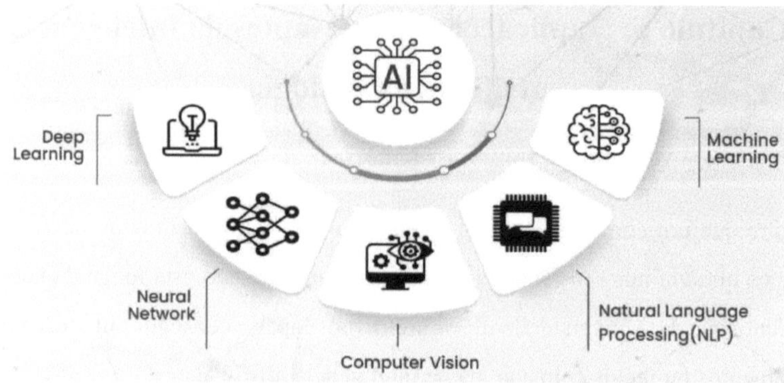

Figura 21. O que é a Inteligência Artificial?

Subir a escada da complexidade

As pequenas diferenças genéticas são a principal causa da diversidade humana e da ocorrência de doenças. Ao contrário do que acontecia no passado, quando os investigadores procuravam sobretudo mutações num único gene entre grupos populacionais com uma doença genética comum, atualmente a GWAS mergulha no mar de milhões de variantes genéticas para encontrar padrões genotípicos que correspondam a diferentes resultados fenotípicos.

Quando os genes são sequenciados, a sequência de bases A, G, T, C é convertida num ficheiro digital. Os estudos GWAS envolvem um algoritmo informático que analisa o genoma de grandes grupos populacionais e tem como objetivo encontrar alterações genéticas associadas a doenças ou caraterísticas genéticas específicas.

Quanto mais nos afastarmos da análise do efeito de uma mutação de um único gene de uma caraterística genética e nos aproximarmos da forma como um resultado específico ocorre em resultado de um padrão complexo de genes, mais provável será encontrar uma relação de causa e efeito utilizando apenas o limitado cérebro humano, no sentido em que, atualmente, o poder de recolha de dados não é igual à capacidade de compreender esses dados.

De facto, temos uma grande quantidade de dados em bruto que ainda não encontrámos a oportunidade e a capacidade de processar. A intersecção entre a revolução genética e biotecnológica, por um lado, e a revolução da inteligência artificial e da análise de grandes volumes de dados, por outro, permitir-nos-á compreender cada vez melhor a quantidade crescente de dados dentro e fora de nós.

Exame de células normais e cancerosas colhidas na vagina

Em medicina, a deteção precoce de células cancerosas a partir de células saudáveis é de particular importância, e quanto mais rápido for este diagnóstico e nas fases iniciais da doença, mais valioso é, porque permite ao médico utilizar métodos de tratamento mais diversificados. Para tal, começa-se por preparar um esfregaço a partir da amostra recolhida e estuda-se a amostra ao microscópio.

As células cancerosas têm caraterísticas morfológicas e formas diferentes das células saudáveis e, ao agrupar estas caraterísticas, um investigador de biologia pode fornecer ao investigador de inteligência artificial os dados necessários para escrever um algoritmo de diagnóstico adequado. Ao conceber um sistema de inteligência artificial, é possível detetar com rapidez e precisão as células cancerosas numa amostra de uma pessoa.

Investigação de células estaminais que crescem no meio de cultura

A célula estaminal é a mãe de todas as células e tem a capacidade de se transformar em todas as células do corpo. Estas células têm a capacidade de se auto-renovar e de se diferenciar em todos os tipos de células, incluindo células sanguíneas, cardíacas, nervosas e de cartilagem. Além disso, são eficazes na reconstrução e reparação de diferentes tecidos do corpo após danos e lesões, e podem ser transplantadas para os tecidos danificados que perderam a maior parte das suas células, substituir as células danificadas e reparar e corrigir os defeitos desse tecido. Estas células podem ser extraídas de tecidos fetais ou adultos e, atualmente, têm um papel eficaz no tratamento de muitas doenças.

Para utilizar estas células, é necessário cultivá-las primeiro. Normalmente, após um período de cultivo destas células, algumas delas tornam-se velhas e perdem o potencial necessário para criar células diversas. A identificação exacta destas células velhas é difícil e propensa a erros, mas com a utilização da inteligência artificial, pode ser feita facilmente e num tempo muito curto.

Inteligência artificial e fabrico de proteínas com a estrutura e função das proteínas naturais

As proteínas são essenciais para a vida celular e têm funções complexas. Há muito que os cientistas e engenheiros procuram criar proteínas sintéticas que possam desempenhar novas tarefas, como o tratamento de doenças e a produção de energia. Mas o processo de fabrico destas proteínas é muito complicado, lento e com um elevado grau de erro. Por isso, cientistas da Universidade de Chicago conceberam um modelo que utiliza muitos dados para criar novas proteínas. Com o desenvolvimento destes modelos de máquinas que fabricam proteínas sintéticas utilizando dados genómicos, os cientistas conseguiram encontrar regras simples para fabricar proteínas complexas. Um dos investigadores deste projeto afirma Descobrimos que os dados genómicos estão cheios de informação sobre regras simples da estrutura e função das proteínas. Sabemos que a sequência de aminoácidos controla a estrutura e a função das proteínas.

Os cientistas conseguiram modelar a estrutura das proteínas naturais com a investigação realizada, mas, geralmente, estas proteínas eram funcionalmente ineficientes e a importância deste projeto recente é que as proteínas produzidas têm funções normais. Uma vez que as regras descobertas são muito simples, muitas proteínas podem ser produzidas por este método, as quais são semelhantes às proteínas naturais, tanto em termos de estrutura como de função. Estes investigadores publicaram os seus resultados em 24 de julho de 2020.

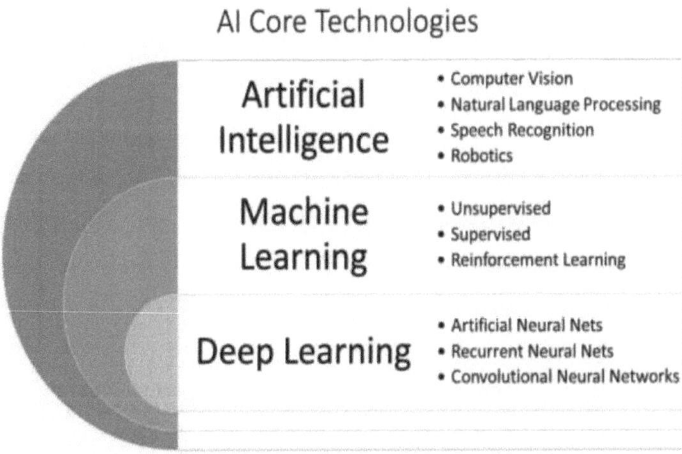

Figura 22. História da Inteligência Artificial

Criar uma transformação no domínio da biotecnologia com recurso à inteligência artificial Os avanços da biotecnologia combinados com os avanços da inteligência artificial permitem obter soluções potenciais sem precedentes. Pode contribuir para resolver muitos problemas globais e contribuir para importantes objectivos de desenvolvimento sustentável. Os exemplos actuais incluem: Segurança alimentar, saúde e bem-estar, água potável, energia limpa, consumo e produção responsáveis, ação climática, vida debaixo de água, ou conservação, recuperação e promoção da utilização sustentável dos ecossistemas terrestres, gestão sustentável das florestas, combate à desertificação, e travar e inverter a degradação dos solos e travar a perda de biodiversidade. A inteligência artificial está hoje presente em todo o lado nas ciências da vida.

A inteligência artificial tem uma longa tradição nas ciências informáticas, centrada no objetivo geral de criar máquinas "inteligentes", mas o termo inteligência não está claramente definido e mesmo medir a "inteligência" é muito difícil. O domínio da inteligência artificial foi iniciado em 1956 por um grupo de cientistas informáticos durante um workshop no Dartmouth College. A inteligência artificial, a aprendizagem automática (ML) e a aprendizagem profunda (DL) estão todas relacionadas, mas são distintas.

Eis algumas das principais diferenças entre estes domínios: A inteligência artificial é um termo abrangente e um campo alargado que se refere à criação de sistemas inteligentes que podem executar tarefas que normalmente requerem inteligência humana, como a aprendizagem, a resolução de problemas e a tomada de decisões.

O ML é um subcampo da inteligência artificial que envolve o treino de computadores digitais para executar tarefas sem instruções explícitas, utilizando padrões e conhecimentos de dados.

O DL é um subconjunto do ML que utiliza redes neurais artificiais com várias camadas para aprendizagem e tomada de decisões. É particularmente útil para tarefas que envolvem a análise de grandes quantidades de dados, como imagens (como o DALL-E2) ou texto (como o Chat GPT). A inteligência artificial tem sido um vasto campo desde o seu início, desde considerações filosóficas a aplicações no mundo real.

Mais do que qualquer outra disciplina, a inteligência artificial tem passado por muitos altos e baixos desde a sua introdução formal como disciplina académica há seis décadas. As empresas de biotecnologia estão agora a utilizar soluções de IA/ML para desenvolver robôs autónomos que executam tarefas agrícolas críticas, como a colheita de culturas, a um ritmo muito mais rápido do que os humanos. Os algoritmos de visão computacional e de DL são utilizados para processar e analisar dados captados por UAV. Isto ajuda a monitorizar a saúde das culturas e do solo. Os algoritmos de aprendizagem automática ajudam a acompanhar e a prever várias alterações ambientais, incluindo alterações meteorológicas que afectam o desempenho das culturas. A transformação digital também tem um grande impacto no domínio da agricultura inteligente.

A madeira é um recurso cada vez mais importante para a humanidade, e as florestas naturais têm um valor ecológico muito elevado. No entanto, estas florestas de crescimento lento não são capazes de satisfazer a procura atual e, consequentemente, os recursos florestais perdem-se e degradam-se. A inteligência artificial pode ser utilizada para analisar dados de imagens de satélite, imagens de drones e outras fontes para prever o crescimento e o desempenho de diferentes espécies de árvores em diferentes locais.

Isto pode ajudar a otimizar a plantação e a gestão florestal para obter a máxima produtividade. A inteligência artificial pode ser utilizada para analisar dados sobre a presença e propagação de doenças e pragas nas florestas, bem como para prever o seu possível impacto na saúde e produtividade das árvores. A inteligência artificial pode ser utilizada para otimizar a utilização de recursos como a água e os nutrientes nas florestas para maximizar a produtividade e minimizar o desperdício. é autónomo.

Este facto coloca desafios significativos às empresas de diagnóstico in vitro (IVD) que utilizam a inteligência artificial para análise de dados e apoio à decisão.

No entanto, se as questões éticas e jurídicas forem consideradas e bem tratadas, vemos o enorme potencial da IA para revolucionar a biotecnologia médica, permitindo uma identificação e desenvolvimento mais rápidos, mais precisos e mais económicos, para além de novos medicamentos.

- ✓ **Identificação de alvos de medicamentos:** A inteligência artificial pode ser utilizada para analisar dados de várias fontes, como dados genómicos e dados de interação proteína-proteína, para identificar potenciais alvos terapêuticos para o tratamento de doenças. Isto pode incluir a utilização de algoritmos de aprendizagem automática para identificar padrões e correlações que podem não ser óbvios para os seres humanos.

- ✓ **Rastreio de medicamentos:** A IA pode ser utilizada para analisar dados sobre a atividade de potenciais medicamentos contra vários alvos, a fim de identificar os mais susceptíveis de serem eficazes. Isto pode implicar a utilização de algoritmos de aprendizagem automática para prever a probabilidade de um determinado medicamento ser eficaz com base nas suas propriedades e caraterísticas dos alvos. Especificamente, para o desenvolvimento de modelos de inteligência artificial, as limitações decorrem da disponibilidade de quantidades suficientes de dados que sejam adequados ao objetivo, ou seja, de qualidade suficiente. A disponibilidade de dados depende, em muitos casos, da disponibilidade de material biológico adequado para o efeito.

A inteligência artificial e os segredos da ativação dos genes

Os investigadores utilizaram a inteligência artificial para identificar sequências de ADN raras que desempenham um papel importante na ativação dos genes. Um avanço que pode ter um impacto significativo na biotecnologia e na medicina personalizada, permitindo a descoberta de sequências específicas dos seres humanos que anteriormente eram difíceis de detetar. Esta inovação demonstra o potencial da inteligência artificial para revolucionar a investigação biológica e descobrir novas vias para os avanços médicos.

Revolução da Inteligência Artificial na Biotecnologia: Num avanço para a biotecnologia, os investigadores aproveitaram o poder da inteligência artificial (IA) para catalisar a investigação da ativação de genes, revelando sequências de ADN raras que anteriormente eram difíceis de identificar. Este estudo inovador, em colaboração com a Universidade da Califórnia-San Diego, mostra um novo horizonte na utilização da inteligência artificial na investigação biológica. A essência desta investigação reside na compreensão das complexidades da ativação dos genes. Os genes têm de ser "ligados" ou activados para desempenharem as suas funções. No entanto, nem todas as sequências do nosso ADN estão activas ou se comportam da mesma forma em espécies diferentes. Foi aqui que os investigadores utilizaram as capacidades da inteligência artificial para detetar estas diferenças subtis mas cruciais. Utilizando modelos sofisticados de aprendizagem automática, a equipa embarcou numa ambiciosa viagem para comparar sequências de ativação de genes entre humanos e moscas da fruta. O objetivo era identificar casos raros em que certas sequências eram altamente activas nos humanos mas não nas moscas da fruta. O sucesso destes modelos de IA na identificação destas sequências únicas é uma prova das suas capacidades avançadas de previsão. As implicações desta descoberta são de grande alcance. As sequências identificadas, embora raras, podem ser a chave para compreender aspectos únicos da biologia e das doenças humanas. Esta abordagem poderá abrir caminho a tratamentos médicos mais personalizados e a uma compreensão mais profunda das doenças genéticas. Para além disso, este feito mostra a sinergia entre a inteligência artificial e a biotecnologia. Isto mostra que a IA pode não só lidar com a enorme complexidade dos dados biológicos, mas também revelar conhecimentos que são quase impossíveis de obter através dos métodos tradicionais. A análise de cada uma destas sequências raras teria levado semanas no laboratório, mas a inteligência artificial tornou possível analisar eficazmente milhões delas.

O papel da inteligência artificial no avanço da investigação biomédica

A inteligência artificial (IA) tem sido cada vez mais aplicada à biologia e à biomedicina e inclui métodos como a aprendizagem automática (ML) e a aprendizagem profunda (DL).

A) As tecnologias de inteligência artificial revolucionaram as ciências da vida. Eis algumas das principais aplicações da inteligência artificial nas ciências da vida:

1. Genómica e transcriptómica: Os algoritmos de ML são utilizados para analisar sequências de ADN e ARN, determinar a função dos genes e estimar a localização dos genes codificadores de proteínas.

2. Proteómica: Algoritmos de ML e redes neuronais (NN/Redes neuronais) para estudar estruturas secundárias de proteínas, padrões de dobragem de proteínas, função das proteínas, análise de dados de espetrometria de massa de proteínas

(MS), deteção de biomarcadores de cancro e ajudam a prever interações proteína-proteína.

3. **Biologia de sistemas:** A ML utiliza dados multiómicos, como a sequenciação de ADN, a sequenciação de ARN e os dados de espetrometria de massa (MS), para construir modelos que prevêem interações e redes moleculares. Estes modelos ajudam a compreender as respostas dos tecidos e do organismo a nível molecular.

4. **Identificação do mecanismo, previsão e tratamento de doenças:** Os algoritmos baseados na inteligência artificial desempenham um papel vital no diagnóstico dos mecanismos das doenças, na sua previsão e também no seu tratamento. Por exemplo, os modelos preditivos ajudam a identificar as interações hospedeiro-microbioma e os fenótipos das doenças. A análise de dados bioinformáticos do microbioma intestinal através de estudos metagenómicos mostrou a sua associação a várias doenças, como a infeção por Clostridium difficile (CDI), a toxoplasmose e a síndrome do intestino irritável (SII). Ferramentas como o DISBIOME e o gut M Disorder utilizam a inteligência artificial para relacionar o microbioma intestinal com as doenças humanas.

5. **Descoberta de medicamentos:** Os métodos de ML e DL são utilizados em todas as fases da descoberta de medicamentos, desde a conceção de estruturas moleculares até à previsão da eficácia dos medicamentos e das respostas dos doentes. Os repositórios públicos, como o PubChem, o Drug Bank e o ChEMBL, armazenam dados ómicos extensivos utilizados no desenvolvimento de medicamentos. Os algoritmos baseados em IA ajudam na conceção molecular, na previsão da interação entre o alvo e o ligando e na modelação da relação quantitativa estrutura-atividade (QSAR).

B) A inteligência artificial deu passos importantes para transformar o conhecimento médico. Eis algumas das principais aplicações da inteligência artificial na medicina:

1. Diagnóstico e análise exactos de imagens médicas: Os algoritmos de inteligência artificial são utilizados para analisar imagens médicas, como radiografias, tomografias computorizadas, imagens de ressonância magnética, mamografias e lâminas de histopatologia. Estes algoritmos podem diagnosticar com precisão e rapidez uma vasta gama de condições patológicas, incluindo doenças pulmonares, fracturas ósseas, hemorragias cerebrais, massas mamárias e tipos de cancro.

2. Robótica na cirurgia: A cirurgia robótica, como o sistema cirúrgico da Vinci (aprovado pela FDA), ajuda a precisão e a estabilidade dos cirurgiões na realização de cirurgias minimamente invasivas. Estes sistemas podem repetir os movimentos da mão do cirurgião e filtrar a vibração, proporcionando maior precisão nos procedimentos cirúrgicos. Estão a ser feitos progressos no sentido do desenvolvimento de robôs autónomos capazes de executar automaticamente tarefas específicas.

3. Ajuda à tomada de decisões clínicas: Os algoritmos de IA analisam os dados clínicos dos registos de saúde electrónicos para prever os resultados clínicos, monitorizar os doentes em tempo real, estimar os factores de risco e reduzir os erros médicos. Podem prever a probabilidade de complicações pós-operatórias, a progressão da doença, o choque sético, a reinternação e a mortalidade. Como resultado, contribuem para cuidados de saúde personalizados e melhoram a tomada de decisões clínicas.

4. Afetação de recursos e gestão dos cuidados de saúde: Os algoritmos de IA processam os dados dos registos de saúde electrónicos para estimar as necessidades de recursos hospitalares, prever os tempos de espera dos doentes nas urgências e otimizar a gestão hospitalar. Podem prever a duração do internamento hospitalar, a probabilidade de alta, de readmissão ou de mortalidade e ajudar a afetar recursos e a melhorar a qualidade dos cuidados de saúde.

5. Monitorização remota dos pacientes e medicina personalizada: Com o aparecimento de dispositivos biossensores e da Internet das Coisas Médicas (IOMT), a inteligência artificial permite a monitorização contínua dos parâmetros fisiológicos e biológicos dos doentes. Os dispositivos vestíveis e as aplicações móveis equipados com biossensores permitem que as pessoas acompanhem os seus dados de saúde, monitorizem os sintomas e detectem doenças numa fase precoce. Estas tecnologias permitem cuidados de saúde personalizados e permitem que as pessoas tomem medidas proactivas na gestão da sua saúde.

6. Ciência dos dados e inteligência artificial

No domínio em rápida evolução da biotecnologia, a ciência dos dados e a inteligência artificial (IA) revolucionaram a forma como os investigadores abordam a descoberta de medicamentos. Utilizando a vasta quantidade de dados disponíveis a partir de uma variedade de fontes, incluindo registos de saúde electrónicos, bases de dados genómicas e ensaios clínicos, os cientistas podem identificar padrões e associações que, de outra forma, poderiam passar despercebidos.

Esta abordagem não só acelera o processo de desenvolvimento de medicamentos, como também permite a descoberta de novos tratamentos que talvez não fossem possíveis utilizando métodos tradicionais. Na Spudgen, estamos na vanguarda deste domínio, utilizando tecnologias de ponta para investigar ideias biotecnológicas e fornecer novos medicamentos. A nossa equipa de especialistas em ciência de dados, aprendizagem automática e inteligência artificial está constantemente a explorar novas formas de utilizar estas ferramentas para fazer avançar a descoberta de medicamentos e melhorar os resultados para os doentes. Ao combinar a nossa profunda compreensão dos sistemas biológicos com o poder da inteligência artificial e da ciência dos dados, podemos identificar potenciais alvos de medicamentos e desenvolver novos tratamentos com uma rapidez e precisão sem precedentes.

Estamos empenhados em alargar os limites do que é possível na descoberta de medicamentos e estamos confiantes no impacto potencial do nosso trabalho na melhoria da saúde humana.

Aplicação da inteligência artificial na medicina

Diagnóstico de doenças

O diagnóstico correto das doenças exige anos de formação médica. Mesmo assim, o diagnóstico é muitas vezes um processo difícil e moroso. Em muitos domínios, a procura de profissionais ultrapassou largamente a oferta. Este facto coloca pressão sobre os médicos e provoca frequentemente atrasos nos métodos de diagnóstico que salvam a vida do doente. A aprendizagem automática, especialmente os algoritmos de aprendizagem profunda, registou recentemente melhorias significativas no diagnóstico automático de doenças, tornando os métodos de diagnóstico mais baratos e mais acessíveis.

Como as máquinas aprendem formas de diagnosticar doenças

Os algoritmos de aprendizagem automática podem aprender a forma como os médicos olham para os padrões. A principal diferença é que os algoritmos precisam de muitos exemplos concretos para aprender, e esses exemplos têm de ser regularmente digitalizados, porque as máquinas não conseguem ler as linhas dos manuais escolares. Por conseguinte, a aprendizagem automática é especialmente útil em áreas em que a informação de diagnóstico do médico foi digitalizada. Estes domínios incluem:

- ✓ Diagnóstico de cancro do pulmão ou de AVC com base em TAC;
- ✓ Avaliação e diagnóstico do risco de morte cardíaca ou de outras doenças cardíacas com base em imagens de ECG e de RMN cardíaca;
- ✓ Classificação de lesões cutâneas em imagens de pele;
- ✓ Encontrar indicadores de retinopatia diabética em imagens oculares.

O algoritmo pode chegar a uma conclusão numa fração de segundo e replicá-la em todo o mundo a baixo custo. Uma vez que existem muitos dados de qualidade nestes casos, os algoritmos são tão bons como os peritos no diagnóstico de doenças. A diferença aqui é que o algoritmo pode chegar a uma conclusão numa fração de segundo e reproduzi-la em todo o mundo a baixo custo. Desta forma, em breve, qualquer pessoa em qualquer parte do mundo poderá ter acesso à mesma qualidade dos melhores especialistas em radiologia de diagnóstico a um preço muito baixo.

A inteligência artificial não vai substituir os médicos especialistas tão cedo

É pouco provável que a inteligência artificial possa substituir completamente os médicos especialistas. Em vez disso, os especialistas utilizarão sistemas de inteligência artificial para identificar lesões potencialmente perigosas ou padrões cardíacos perigosos, de modo a poderem concentrar-se na interpretação desses sinais.

Desenvolvimento e produção mais rápidos de medicamentos: A produção e o desenvolvimento de medicamentos é um processo muito dispendioso. Muitos dos processos analíticos envolvidos no desenvolvimento de medicamentos podem ser tornados mais eficientes com a aprendizagem automática. Isso pode corrigir anos de trabalho e centenas de milhões em investimentos.

A inteligência artificial tem sido utilizada com sucesso em 4 fases principais do desenvolvimento de medicamentos, que são

- ✓ **Etapa 1:** Determinar o objetivo da intervenção;
- ✓ **Etapa 2:** Descobrir os medicamentos adequados;
- ✓ **Etapa 3:** Acelerar os ensaios clínicos;
- ✓ **Etapa 4:** Encontrar biomarcadores para diagnosticar a doença.

Etapa 1: Determinação dos objectivos da intervenção

O primeiro passo na produção e desenvolvimento de medicamentos consiste em conhecer a origem biológica de uma doença (vias), bem como os seus mecanismos de resistência. Em seguida, é necessário determinar os alvos adequados (geralmente proteínas) para tratar a doença. O acesso a técnicas de elevado rendimento, como o rastreio SHRNA e a sequenciação profunda, aumentou a quantidade de dados disponíveis para descobrir vias-alvo viáveis. No entanto, com as técnicas tradicionais, integrar e incorporar fontes de dados grandes e diversificadas e depois encontrar padrões relevantes continua a ser um desafio. Os algoritmos de aprendizagem automática podem analisar facilmente todos os dados disponíveis e podem mesmo efetuar a determinação automática de proteínas-alvo.

Etapa 2: Descoberta de produtos farmacêuticos adequados:

Na etapa seguinte, é necessário encontrar um composto que possa interagir com a molécula alvo identificada de uma forma favorável. Isto implica a seleção de um grande número (frequentemente milhares ou mesmo milhões) de potenciais compostos para efeitos no alvo, para não falar dos efeitos secundários fora do alvo (taxas de toxicidade). Estes compostos podem ser naturais, não naturais ou de bioengenharia. No entanto, o software atual tem frequentemente uma baixa precisão e gera muitas sugestões erradas (falsos positivos). Por isso, leva muito tempo a selecionar o melhor medicamento.

Etapa 3: Acelerar os ensaios clínicos

Encontrar os indivíduos certos para os ensaios clínicos é difícil. Se forem selecionados os casos errados, o ensaio torna-se mais longo, o que significa que são gastos muito tempo e recursos. A aprendizagem automática pode acelerar a conceção dos ensaios clínicos, determinando automaticamente os casos certos, bem como assegurando a atribuição correta aos grupos que participam no ensaio. Os algoritmos podem ajudar a identificar padrões que separam os bons dos maus.

Etapa 4: Encontrar biomarcadores para diagnosticar a doença

Só se pode tratar os doentes quando se tem a certeza do diagnóstico. Alguns métodos são muito dispendiosos e requerem equipamento de laboratório, bem como conhecimentos especializados, como a sequenciação do genoma. Também é possível utilizá-los para determinar a evolução da doença, facilitando aos médicos a escolha do tratamento correto e o controlo do desempenho do medicamento.

Os biomarcadores podem ser utilizados para identificar

✓ Diagnóstico da doença no mais curto espaço de tempo possível - Biomarcador de diagnóstico;

✓ O risco de uma pessoa contrair uma doença - Risco de biomarcador;

✓ Possível desenvolvimento de uma doença - Biomarcador de prognóstico;

✓ O doente responde ou não a um medicamento específico - Biomarcador preditivo?

Personalização do tratamento

Cada doente responde de forma diferente ao tratamento e aos programas de medicamentos. Por conseguinte, um tratamento específico tem um grande potencial para aumentar a esperança de vida dos doentes. Mas é muito difícil determinar quais os factores que devem influenciar a escolha do tratamento. Por conseguinte, o algoritmo pode prever a possível resposta do doente a um determinado tratamento.

A aprendizagem automática pode efetuar automaticamente este trabalho estatístico complexo e ajudar a descobrir caraterísticas que indicam uma resposta específica a um determinado tratamento. Por conseguinte, o algoritmo pode prever a possível resposta do doente a um determinado tratamento. Como resultado, a inteligência artificial ajuda-nos a melhorar o diagnóstico de doenças, a produção de medicamentos, a personalização de tratamentos e muitas outras coisas. Quanto mais digitalizarmos e integrarmos os nossos dados médicos, mais poderemos utilizar a inteligência artificial para encontrar padrões valiosos. Modelos que podemos utilizar para tomar decisões exactas e rentáveis em processos analíticos complexos.

Figura 24. Aplicação da Inteligência Artificial (IA)

Referências

Aabo, G. Being Patient-Centric in a Digitizing World (Ser centrado no doente num mundo digitalizado); McKinsey and Company: Nova Iorque, NY, EUA, 2016.

Abe, M.; Abe, H. Lifestyle Medicine-An Evidence-based Approach to Nutrition, Sleep, Physical Activity, and Stress Management on Health and Chronic Illness (Medicina do estilo de vida - uma abordagem baseada em evidências sobre nutrição, sono, atividade física e gestão do stress na saúde e na doença crónica). Pers. Med. Universo 2019, 8, 3-9.

Abomhara, M.; Koien, G. Cyber Security and the Internet of Things: Vulnerabilidades, ameaças, intrusos e ataques. J. Cyber Secur. 2015, 4, 65-88.

Bennett, C.; Hauser, K. Artificial Intelligence Framework for Simulating Clinical Decision-Making: AMarkov Decision Process Approach. Artif. Intell. Med. 2013, 57, 9-19.

Boulding, W.; Glickman, S.; Manary, M.; Schulman, K.; Staelin, R. Relationship between Patient Satisfaction with Inpatient Care and Hospital Readmission within 30 Days. Am. J. Manag. Care 2011, 17, 41-48.

Colbaugh, R.; Glass, K.; Rudolf, C.; Tremblay, M. Learning to Identify Rare Disease Patients from Electronic Health Records (Aprender a identificar doentes com doenças raras a partir de registos de saúde electrónicos). AMIA Annu. Symp. Proc. 2018, 2018, 340-347.

Coventry, L.; Branley, D. Cybersecurity in Healthcare: A Narrative Review of Trends, Threats and Ways Forward [Uma revisão narrativa das tendências, ameaças e caminhos a seguir]. Maturitas 2018, 113, 48-52.

Dawes, T.; de Marvao, A.; Shi, W.; Fletcher, T.; Watson, G.; Wharton, J.; Rhodes, C.; Howard, L.; Gibbs, J.; Rueckert, D.; et al. Machine Learning of Three-Dimensional Right Ventricular Motion Enables Outcome Prediction in Pulmonary Hypertension: Um estudo de imagem de ressonância magnética cardíaca. Radiologia 2017, 283, 381-390.

Dilsizian, S.; Siegel, E. Artificial Intelligence in Medicine and Cardiac Imaging: Aproveitamento de Big Data e Computação Avançada para Fornecer Diagnóstico e Tratamento Médico Personalizado. Curr. Cardiol. Rep. 2014, 16, 441.

Ericsson. The 5G Business Potentia, 2ª ed.; Ericsson Stockholm: Estocolmo, Suécia, 2017.

Escalante, H.; Montes-y-Gómez, M.; González, J.; Gómez-Gil, P.; Altamirano, L.; Reyes, C.; Reta, C.; Rosales, A. Acute Leukemia Classification by Ensemble Particle Swarm Model Selection. Artif. Intell. Med. 2012, 55, 163-175.

Esteva, A.; Kuprel, B.; Novoa, R.; Ko, J.; Swetter, S.; Blau, H.; Thrun, S. Dermatologist-level Classification of Skin cancer with Deep Neural Networks. Nature 2017, 542, 115-118.

Guo, J.; Li, B. A aplicação da tecnologia de inteligência artificial médica em áreas rurais de países em desenvolvimento. Equidade em Saúde 2018, 2, 174-181.

Johnson, S.; Speedie, S.; Simon, G.; Kumar, V.; Westra, B. Quantificar o efeito da qualidade dos dados na validade de uma medida eletrónica. Appl. Clin. Inform. 2017, 8, 10121021.

Kaptchuk, T.; Miller, F. Placebo Effects in Medicine. N. Engl. J. Med. 2015, 373, 8- 9.

Kermany, D.; Goldbaum, M.; Cai, W.; Lewis, M.; Xia, H.; Zhang, K. Identificando diagnósticos médicos e doenças tratáveis por aprendizado profundo baseado em imagens. Célula 2018, 172, 1122-1131.

Kolovos, P.; Kaitelidou, D.; Lemonidou, C.; Sachlas, A.; Sourtzi, P. Patients' Perceptions and Preferences of Participation in Nursing care. J. Res. Nurs. 2016, 21, 290-303.

Lee, D. Effects of Key Value Co-creation Elements in the Healthcare System: Focusing on Technology Applications. Serv. Bus. 2019, 13, 389-417.

Lee, S.; Lee, D. Dispositivos vestíveis para cuidados de saúde: Uma análise dos factores-chave para a intenção de utilização contínua. Serv. Bus. 2020, 14,

503-531.

Lupton, M. Some Ethical and Legal Consequences of the Application of Artificial Intelligence in the Field of Medicine (Algumas consequências éticas e jurídicas da aplicação da inteligência artificial no domínio da medicina). Trends Med. 2018, 18, 1-7.

Luxton, D. Artificial Intelligence in Psychological Practice (Inteligência Artificial na Prática Psicológica): Aplicações e implicações actuais e futuras. Prof. Psychol. Res. Pract. 2014, 45, 332-339.

Manyika, J. Technology, Jobs, and the Future of Work; McKinsey Global Institute; McKinsey & Company: Nova Iorque, NY, EUA, 2017.

Michaelides, A.; Raby, C.; Wood, M.; Farr, K.; Toro-Ramos, T. Eficácia da perda de peso de uma nova plataforma de entrega de programa de prevenção de diabetes móvel com Ccoaching humano. BMJ Open Diabetes Res. Care 2016, 4, 1-5.

Palanica, A.; Flaschner, P.; Thommandram, A.; Li, M.; Fossat, Y. Physicians' Perceptions of Chatbots in Health Care: Pesquisa transversal baseada na Web. J. Med Internet Res. 2019, 21, e12887.

Pesapane, F.; Codari, M.; Sardanelli, F. A Inteligência Artificial na Imagiologia Médica: Ameaça ou oportunidade? Radiologistas novamente na vanguarda da inovação em medicina. Eur. Radiol. Exp. 2018, 2, 1-10.

Purdy, S.; Wong, P.; Harris, P. Stop the Presses! KPMG: Amesterdão, Países Baixos, 2016; pp. 1-20.

Ramesh, A.; Kambhampati, C.; Monson, J.; Drew, P. Artificial Intelligence in Medicine. Ann. R. Coll. Surg. Engl. 2004, 86, 334-338.

Rigby, M. Ethical Dimensions of Using Artificial Intelligence in Healthcare (Dimensões éticas da utilização da inteligência artificial nos cuidados de saúde). AMA J. Ethics 2019, 21, E121-E124.

Sato, M.; Morimoto, K.; Kajihara, S.; Tateishi, R.; Shiina, S.; Koike, K.; Yatomi, Y. Abordagem de aprendizado de máquina para o desenvolvimento de um novo modelo preditivo para o diagnóstico de carcinoma hepatocelular. Sci.

Rep. 2019, 9, 7704.

Shiraishi, J.; Li, Q.; Appelbaum, D.; Doi, K. Computer-aided Diagnosis and Artificial Intelligence in Clinical Imaging. Semin. Nucl. Med. 2011, 41, 449-462.

Somashekhar, S.; Kumar, R.; Kumar, A.; Patil, P.; Rauthan, A. Validation Study to Assess Pperformance of IBM Cognitive Computing System Watson for Oncology with Manipal Multidisciplinary Tumour Board for 1000 Consecutive Cases: An Indian Experience. Ann. Oncol. 2016, 27, 1-2.

Stephens, J.; Blazynski, C. Rare Disease Landscape: Será que o modelo Blockbuster vai ser substituído? Opinião de um especialista. Orphan Drugs 2014, 2, 797-806.

Tobiano, G.; Bucknall, T.; Marshall, A.; Guinane, J.; Chaboyer, W. Patients' Perceptions of Participation in Nursing Care on Medical Wards. Scand. J. Caring Sci. 2016, 30, 260-270.

Wang, P.; Berzin, T.; Brown, J.; Bharadwaj, S.; Becq, A.; Xiao, X.; Liu, P.; Li, L.; Song, Y.; Zhang, D.; et al. Real-time Automatic Detection System Increases Colonoscopic Polyp and Adenoma Detection Rates: Um estudo prospetivo controlado e aleatório. BMJ J. 2019, 68, 1813-1819.

Organização Mundial de Saúde. Estudo transnacional da OMS sobre comportamentos de saúde em crianças em idade escolar de 35 países: Findings from 2001-2002. J. Sch. Health 2004, 74, 204-206.

Yoon, S.; Lee, D. Artificial Intelligence and Robots in Healthcare: What are the Success Factors for Technology-based Service Encounters? Int. J. Healthc. Manag. 2019, 12, 218-225.

MIX
Papier aus verantwortungsvollen Quellen
Paper from responsible sources
FSC® C105338

Printed by Books on Demand GmbH, Norderstedt / Germany